# Le lait de chèvre
## un choix santé

Données de catalogage avant publication (Canada)

Lambert-Lagacé, Louise

Le lait de chèvre: un aliment de choix à découvrir

1. Lait de chèvre. 2. Lait de chèvre – Emploi en thérapeutique.
3. Cuisine (Lait). I. Laflamme, Michelle. II. Clinique de nutrition
Louise Lambert-Lagacé. III. Titre.

TX556.M5L35 1999          641.3'717          C99-941224-8

Ont collaboré à cet ouvrage:
Abdelghani Ould Baba Ali, consultant en sciences et technologies des aliments

Et les organismes suivants:
Ministère de l'Agriculture, des Pêcheries et de l'Alimentation du Québec
Syndicat des producteurs de chèvres du Québec
Association laitière de la chèvre du Québec


DISTRIBUTEURS EXCLUSIFS:

- Pour le Canada
  et les États-Unis:
  **MESSAGERIES ADP***
  955, rue Amherst,
  Montréal, Québec
  H2L 3K4
  Tél.: (514) 523-1182
  Télécopieur: (514) 939-0406
  * Filiale de Sogides ltée

- Pour la France et les autres pays:
  **INTER FORUM**
  Immeuble Paryseine,
  3, Allée de la Seine
  94854 Ivry Cedex
  Tél.: 01 49 59 11 89/91
  Télécopieur: 01 49 59 11 96
  **Commandes:**
  Tél.: 02 38 32 71 00
  Télécopieur: 02 38 32 71 28

- Pour la Suisse:
  **DIFFUSION: HAVAS SERVICES SUISSE**
  Case postale 69 - 1701 Fribourg - Suisse
  Tél.: (41-26) 460-80-60
  Télécopieur: (41-26) 460-80-68
  Internet: www.havas.ch
  Email: office@havas.ch
  **DISTRIBUTION: OLF SA**
  Z.I. 3, Corminbœuf
  Case postale 1061
  CH-1701 FRIBOURG
  **Commandes:**
  Tél.: (41-26) 467-53-33
  Télécopieur: (41-26) 467-54-66

- Pour la Belgique et
  le Luxembourg:
  **PRESSES DE BELGIQUE S.A.**
  Boulevard de l'Europe 117
  B-1301 Wavre
  Tél.: (010) 42-03-20
  Télécopieur: (010) 41-20-24


Pour en savoir davantage sur nos publications,
visitez notre site: **www.edhomme.com**
Autres sites à visiter: www.edjour.com • www.edtypo.com
• www.edvlb.com • www.edhexagone.com • www.edutilis.com

Dépôt légal: 4e trimestre 1999
Bibliothèque nationale du Québec

ISBN 2-7619-1528-3

Clinique de nutrition **Louise Lambert-Lagacé** et associées

# Le lait de chèvre
## un choix santé

**Recettes inédites**

LES ÉDITIONS DE L'HOMME

*Introduction*

# Le lait de chèvre d'hier
# et d'aujourd'hui

*Ah ! Qu'elle était jolie la petite chèvre de
M. Seguin ! Qu'elle était jolie avec ses yeux
doux, sa barbiche de sous-officier, ses sabots
noirs et luisants, ses cornes zébrées et ses
longs poils blancs qui lui faisaient une houp-
pelande ! Et puis docile, caressante, se lais-
sant traire sans bouger, sans mettre son pied
dans l'écuelle. Un amour de petite chèvre...*

ALPHONSE DAUDET, 1866

Nous n'avons pu résister à l'enthousiasme
de René Marceau, éleveur de chèvres au
cours des années soixante-dix et quatre-vingt,
et pionnier dans la transformation de lait de
chèvre au Québec. En l'écoutant parler de ses
chèvres, nous avions l'impression de réen-
tendre le conte d'Alphonse Daudet et de
découvrir notre monsieur Seguin.

Nous avons donc accepté d'emblée le projet de rédaction d'un livre sur le lait de chèvre, une première du genre pour notre équipe.

Vous avez sûrement entendu parler de lait génétiquement modifié à des fins pharmaceutiques, provenant de chèvres reproduites par clonage. Ce scénario propre au troisième millénaire nous préoccupe, certes, mais ne fait pas partie de notre propos et, plus important encore, ne concerne nullement le lait de chèvre vendu au Québec actuellement.

Notre étude porte essentiellement sur le lait de chèvre frais, produit par de jolies bêtes nubiennes, alpines, saanen, toggenbourg ou LaMancha, principales races caprines vivant sur notre territoire. Ce lait est pasteurisé et enrichi des vitamines A et D, comme le lait de vache, pour être finalement distribué dans les comptoirs de produits laitiers frais aux quatre coins de la province. Un scénario des plus traditionnels.

Comme toutes les diététistes, nous avions une petite inquiétude concernant le manque d'acide folique dans le lait de chèvre, mais cette inquiétude s'est dissipée lorsque nous avons appris que le lait de chèvre frais, à 2 % et à 3,25 %, vendu au Québec, était enrichi d'acide folique depuis avril 1998[1].

---

1. Nous pouvons toujours nous procurer, dans certaines fromageries artisanales et boutiques spécialisées, du lait de chèvre pasteurisé sans ajout de vitamines et d'acide folique ni standardisation du gras, vendu en bouteille de plastique.

À partir de là, nous avons cherché à tout connaître sur ce lait qui a tant fait parler de lui dans les milieux non traditionnels. Nous avions le goût de départager les mythes et la réalité. Assez curieuses de nature, nous voulions comprendre, entre autres, pourquoi ce lait est considéré comme plus digestible que le lait de vache.

Nous avons consulté nombre de documents et recherches sur le lait de chèvre, et grâce à la collaboration exceptionnelle de M. Ould Baba Ali, grand spécialiste en produits laitiers caprins, nous avons trouvé réponse à plusieurs de nos questions. Nous avons constaté que le lait de chèvre était bien connu et reconnu en Europe et plutôt méconnu de l'autre côté de l'Atlantique.

Nous avons rencontré le D$^r$ Serge Thérien, pédiatre de la région de Sherbrooke. Il s'est réjoui de notre intérêt pour le lait de chèvre et nous a expliqué comment il utilisait ce lait depuis plus de 20 ans auprès d'enfants malades.

Finalement, nous avons goûté au lait de chèvre, nous l'avons servi à leur insu à des enfants et à des adultes, nous l'avons cuisiné à plusieurs sauces et nous avons récolté des commentaires favorables. Il n'en fallait pas plus pour nous inciter à partager avec vous le fruit de nos lectures et de nos expériences.

Depuis des millénaires, la chèvre a toujours servi de nourrice aux hommes, voire aux dieux. Zeus enfant fut allaité par la chèvre

Amalthée. De nombreux nourrissons de la Rome antique et de la Renaissance furent nourris au lait de chèvre. Phénomène si répandu que Montaigne rapporte dans ses *Essais* au XVIe siècle : « Lorsque la mère ne peut nourrir son enfant à sa mamelle, elle appelle les chèvres à son secours. » Eh oui, la chèvre est domestiquée depuis la préhistoire ; elle est venue au secours d'une bonne partie de l'humanité, notamment dans les pays en développement, et elle continue de le faire.

À l'heure actuelle, plus de 90 % des chèvres se trouvent dans les pays en développement, dont 61 % en Asie, 29 % en Afrique et 4 % en Amérique du Sud. L'importance du lait de chèvre par rapport au lait de vache est très variable ; le lait de chèvre ne représente que 1 % de la production de lait de vache en Europe, mais 19 % en Afrique et 11 % en Asie. Par ailleurs, c'est l'élevage des chèvres qui a vu ses effectifs se développer le plus à l'échelle mondiale, comparativement à celui des vaches et des moutons, soit une augmentation de 34 % de 1980 à 1994.

On assiste du même coup à un intérêt croissant pour les bienfaits du lait de chèvre et de ses produits comme le yogourt et le fromage, et cela partout dans le monde. Toutefois, certains pays consomment plus de fromage de chèvre que de lait de chèvre ; ainsi, en Espagne, seulement 13 % du lait produit est consommé sous forme de lait, alors que 87 % de cette production est transformée en fromage. Au Québec, la production de fromage de chèvre est actuellement de six fois supérieure à celle du lait de consommation. En revanche, à Taïwan on ne fabrique aucun fromage de chèvre, car toute la production de lait de chèvre est distribuée sous forme de lait pasteurisé à boire ; il s'agit là d'un formidable succès commercial, malgré l'importance des boissons de soya et des boissons de riz dans cette région.

Au Québec, la production totale de lait de chèvre a triplé au cours des cinq dernières années. Elle est passée de 0,7 million de litres en 1993 à près de 2,5 millions en 1997, ce qui est relativement peu, comparativement à la production totale de lait de vache qui s'élève à 2800 millions de litres par an. Les producteurs québécois prévoient toutefois une croissance de 250 % de la production de 1997 à l'an 2005, car pour tous les produits de chèvre, la demande est à la hausse.

La chèvre est un animal accommodant, qui a bon appétit et qui choisit fort bien sa nourriture. Celles qui mangent de tout, y compris les piquets de clôture, sont de pauvres chèvres affamées, débrouillardes mais marginales dans le contexte qui nous intéresse. Dans les meilleures conditions, la chèvre a un instinct sûr, associé à un odorat aiguisé, ce qui lui fait rechercher une nourriture saine et propre. C'est pourquoi on dit que la chèvre a la dent fine. Elle a une prédilection pour certaines herbes, plantes, écorces et feuilles qui, par leur variété, sont une source riche en nutriments dont les bienfaits se retrouvent dans le lait.

La chèvre est reconnue pour être une bonne productrice de lait et une bonne transformatrice de fourrages. Elle a certes des besoins d'entretien plus élevés que la vache; mais, à poids égal, la chèvre produit deux fois plus de lait que la vache.

Au Québec, on exploite cinq races de chèvres laitières: la chèvre alpine, la brune aux oreilles dressées; la saanen, qui est blanche; la toggenbourg, aux lignes faciales blanches; la nubienne, aux oreilles pendantes; et LaMancha aux petites oreilles. Ces chèvres sont nourries de pâture saine, traitées aux petits oignons, et leur alimentation ne comporte aucune addition d'hormone synthétique ou naturelle, non plus que de toute autre substance susceptible d'augmenter leur production de lait. La notion de bien-être des animaux est ancrée chez bon nombre d'éleveurs de chèvres du Québec, et les produits de leurs bêtes sont d'une grande qualité.

Cependant, il ne faudrait pas comparer le lait de chèvre à un aliment neutraceutique ou à un médicament, même s'il demeure souvent efficace pour régler des problèmes de santé lorsque d'autres aliments ou médicaments demeurent sans effet.

Plusieurs chercheurs contemporains considèrent le lait de chèvre comme le lait de l'avenir.

*Chapitre premier*

## Valeur nutritive

*L* a composition nutritionnelle du lait de chèvre est unique. C'est un *autre* lait à part entière. De fait, le lait de chaque mammifère — y compris le lait maternel — est unique. Il est essentiellement adapté à son espèce, et sa composition varie en fonction des besoins nutritifs des petits.

Le contenu en protéines, par exemple, varie selon le rythme de croissance de l'espèce ; plus le contenu en protéines est élevé, plus l'espèce grandit rapidement. Un lapereau double son poids en six jours et le lait de la lapine contient 12 % de protéines. Un chevreau double son poids en 30 jours et le lait de la chèvre renferme 3,4 % de protéines. Un veau double son poids en 50 jours et le lait de la vache renferme 3,3 % de protéines. Un nourrisson double son poids en quatre ou cinq mois et le lait maternel ne contient que 1 % de protéines.

La concentration en protéines et en minéraux joue également sur la fréquence des tétées. Plus le lait est riche en protéines et en minéraux, plus l'intervalle entre les tétées est prolongé. Ainsi, les lapins produisent un lait très dense et ne nourrissent leurs petits qu'une fois par jour, alors que les souris produisent un lait très dilué et passent 80 % de leur temps à nourrir leurs petits. La chèvre produit un lait moyennement dense et donne environ trois tétées par jour à son chevreau.

Le contenu en gras du lait varie selon la grosseur de l'animal et la température ambiante de son habitat naturel. Plus l'animal est gros ou plus il fait froid, plus le lait est riche en matières grasses. Ainsi, le lait d'éléphant renferme 20 % de gras, le lait de phoque, 43 %, et le lait de baleine bleue, 50 %.

Pour mieux connaître la spécificité nutritionnelle du lait de chèvre, il devient utile de comparer ses principaux éléments nutritifs à ceux du lait de vache, puisque celui-ci est le lait le plus analysé et le plus connu parmi tous les laits de mammifères, à part bien entendu le lait maternel. Vous découvrirez dans le lait de chèvre une plus grande densité nutritionnelle, un contenu plus élevé en certaines vitamines et minéraux, ainsi que quelques atouts cachés.

## LES PROTÉINES

Les protéines travaillent à la formation et à l'entretien de tous les tissus et substances de l'organisme, y compris les os, la peau, les muscles, les hormones et les enzymes. Elles sont constituées d'une vingtaine d'acides aminés dont huit sont considérés comme *essentiels* pour les adultes et neuf pour les nourrissons. Si les protéines se trouvent dans une foule d'aliments, seuls les aliments d'origine animale — dont fait partie le lait de chèvre — renferment tous les acides aminés *essentiels*.

Le lait de chèvre renferme un peu plus de protéines que le lait de vache, mais trois fois plus que le lait maternel. Il n'est donc pas adapté aux besoins du nourrisson. Il peut cependant faire partie de l'alimentation du bébé dès l'âge de neuf mois, tout comme le lait de vache (voir le chapitre 3).

Le lait de chèvre peut, par ailleurs, contribuer à satisfaire une partie des besoins en protéines tout au long de la vie : **250 ml de lait de chèvre fournit presque 9 grammes de protéines, comparativement à 8 grammes dans le même volume de lait de vache.**

## Tableau 1

### Apports nutritionnels recommandés en protéines (1990)

| Âge | Sexe | Poids | Protéines |
|-----|------|-------|-----------|
| 16-18 ans | M | 62 kg | 58 g |
| | F | 53 kg | 47 g |
| 19-24 ans | M | 71 kg | 61 g |
| | F | 58 kg | 50 g |
| 25-49 ans | M | 74 kg | 64 g |
| | F | 59 kg | 51 g |
| 50-74 ans | M | 73 kg | 63 g |
| | F | 63 kg | 54 g |
| 75 ans | M | 69 kg | 59 g |
| | F | 64 kg | 55 g |

Si l'on regarde quelles protéines sont présentes dans le lait de chèvre, on trouve deux grandes catégories : les protéines solubles du lactosérum et les caséines, dans une proportion de 1 pour 4. Parmi les protéines solubles du lactosérum, l'alpha-lactalbumine et la bêta-lactoglobuline s'apparentent à celles du lait de vache sur le plan qualitatif, mais sont plus abondantes dans le lait de chèvre. Les caséines caprines, particulièrement la bêta-caséine, ont une composition unique en acides aminés, ayant un contenu plus élevé de lysine et moins élevé de méthionine, et se présentent sous forme de très petites particules appelées micelles. Comme les micelles du lait de chèvre sont plus petites que celles du lait de vache, elles coagulent en flocons beaucoup plus friables lors de leur passage dans l'estomac, et sont plus faciles à digérer.

Une étude menée en Suisse sur la digestibilité des protéines de différents laits montre que les protéines du lait de chèvre se comparent à celles du lait maternel pour ce qui est de leur biodisponibilité gastro-intestinale.

C'est l'une des raisons qui expliquent que le lait de chèvre se digère mieux et plus rapidement que le lait de vache : 20 minutes comparativement à 120, d'après Jensen (1994).

## LES MATIÈRES GRASSES

Les matières grasses fournissent une bonne dose d'énergie et facilitent l'absorption des vitamines E, A et K. On ne peut s'en passer. Parmi les différentes matières grasses, celles qui fournissent des acides gras polyinsaturés maintiennent l'intégrité des cellules de l'organisme et participent à la formation de messagers chimiques appelés prostaglandines. Les matières grasses ont donc un rôle important à jouer.

Sur ce chapitre, précisons que le lait de chèvre renferme un peu moins de gras que le lait de vache ; les gras saturés y sont en proportions équivalentes, tout comme les gras monoinsaturés et polyinsaturés, alors que le contenu en cholestérol est légèrement inférieur. Le contenu en acides gras polyinsaturés dits essentiels est toutefois limité.

| g/100 g | Lait de vache entier | Lait de chèvre entier | Lait de vache à 2 % | Lait de chèvre à 2 % |
|---|---|---|---|---|
| **TABLEAU 2** | | | | |
| **Contenu en gras** | | | | |
| **Gras** | | | | |
| Total | 3,34 | 3,30 | 1,92 | 2,10 |
| Saturé | 2,07 | 2,04 | 1,19 | 1, 30 |
| Monoinsaturé | 0,96 | 0,94 | 0,55 | 0,59 |
| Polyinsaturé | 0,12 | 0,11 | 0,07 | 0,07 |
| **Cholestérol** | 13 mg | 12,5 mg | 7,5 mg | 7,9 |

## Des acides gras différents

Au-delà de cette première constatation, disons que les acides gras présents dans les aliments ont des réactions qui varient selon la longueur de la chaîne de carbone qui les relie. Par exemple, l'acide gras présent dans le beurre a une chaîne de 16 carbones, celui de l'huile d'olive, de 18 carbones, celui contenu dans les huiles de poisson, de 20 carbones, et ils ont tous des comportements métaboliques différents. Le gras du lait de chèvre est unique, car il renferme une bonne quantité d'acides gras à chaîne moyenne (aussi appelés TCM), soit deux fois plus que le lait de vache. Ces acides gras à chaîne moyenne sont intéressants parce qu'ils ne requièrent que peu ou pas d'enzymes pour être digérés et qu'ils n'ont pas besoin d'être émulsifiés par la bile pour être absorbés ; ils passent directement dans le sang et sont transportés au foie par la veine porte. Contrairement aux autres acides gras, ils ne requièrent pas de carnitine pour atteindre le centre énergétique des cellules et sont oxydés aussi rapidement que le glucose. Ils provoquent une plus grande dépense énergétique et pourraient même être utilisés pour favoriser la perte de poids. Ils peuvent, par ailleurs, augmenter les triglycérides si la consommation en est importante.

Le lait de chèvre renferme, entre autres, trois de ces acides gras à chaîne moyenne : l'acide caproïque (6 carbones), l'acide caprylique (8 carbones) et l'acide caprique (10 carbones). Ces acides gras, propres à la race caprine, sont reconnus pour leur grande digestibilité et sont recherchés par les personnes qui ont de la difficulté à digérer le gras. Ce type de gras est même ajouté à certaines préparations commerciales destinées à des personnes souffrant de malabsorption des graisses comme dans la maladie de Crohn, la maladie cœliaque ou le dysfonctionnement du foie et du pancréas.

Certains chercheurs ont aussi noté que les globules de gras du lait de chèvre sont de plus petite taille que ceux du lait de vache. De fait, 65 % des globules du lait de chèvre ont moins de 3 microns (soit un millionième de mètre), comparativement à seulement 43 % pour le lait de vache.

Voilà d'autres raisons qui expliquent la grande digestibilité du lait de chèvre.

## LE LACTOSE

Le lactose est un sucre qui ne se trouve que dans le lait des mammifères en doses variables. Il fournit de l'énergie et contribue activement à l'absorption du calcium. Dans l'intestin grêle, il se scinde en glucose et en galactose, grâce à la lactase, l'enzyme responsable de cette fonction. On trouve autant de lactose dans le lait de chèvre que dans le lait de vache, soit environ 10 g pour 250 ml.

En ce qui concerne l'intolérance au lactose, voir le chapitre 4.

## LA VITAMINE A

La vitamine A est une vitamine soluble dans le gras qui permet à l'œil de s'adapter à l'obscurité et prévient certaines affections de la peau. Une carence grave comme on en observe en Inde mène au durcissement de la cornée de l'œil et à la cécité.

La vitamine A se trouve dans les aliments sous deux formes : la forme active appelée rétinol et la forme « précurseur » appelée bêta-carotène.

Le lait de chèvre contient presque deux fois plus de vitamine A que le lait de vache, mais exclusivement sous forme de rétinol, soit la forme active la plus rapidement utilisable. L'absence de bêta-carotène explique la blancheur immaculée du lait de chèvre, comparativement à la couleur plutôt crème du lait de vache.

**Une quantité de 250 ml de lait de chèvre entier fournit 137 ER (équivalents rétinol), alors que les besoins quotidiens d'un adulte se situent entre 800 et 1000 ER.** Le lait de chèvre partiellement écrémé à 2 % est enrichi de vitamine A de façon à fournir une dose équivalente au lait de chèvre entier.

## LA VITAMINE D

La vitamine D est celle qui facilite l'absorption du calcium de la naissance à l'âge d'or, celle qui lutte contre le rachitisme et l'ostéomalacie (deux types de déformation osseuse) et celle qui aide à prévenir l'ostéoporose.

Elle provient de trois sources principales :

- La première est le corps humain lui-même ; certains stérols naturellement présents dans la peau se transforment en vitamine D sous l'action des rayons ultraviolets. Si l'exposition solaire est adéquate, les besoins en vitamine D sont comblés ; si, en revanche, elle ne l'est pas six mois par année, comme c'est le cas au Québec, la vitamine D peut faire défaut.

- La deuxième source est d'ordre alimentaire, mais peu d'aliments en contiennent de bonnes quantités. C'est pourquoi le lait de chèvre tout comme le lait de vache sont maintenant enrichis de vitamine D, favorisant ainsi une meilleure absorption de leur calcium.

- La troisième source regroupe les huiles de foie de poissons qui nagent en eau peu profonde; ces huiles constituent l'ingrédient actif de la plupart des suppléments de vitamine D.

| **TABLEAU 3** | | |
|---|---|---|
| **Quelques bonnes sources de vitamine D** | | |
| **Aliment** | **Portion** | **Vitamine D** |
| Saumon rose | 100 g      3 ½ oz | 679 UI[2] |
| Hareng cru | 30 g      1 oz | 255 UI |
| Lait de chèvre enrichi | 250 ml      8 oz | 106 UI |
| Lait de vache enrichi | 250 ml      8 oz | 106 UI |
| Sardines en conserve | 30 g      1 oz | 85 UI |
| Jaune d'œuf | 1      1 | 27 UI |
| Huile de foie de morue | 5 ml      1 c. à thé | 400 UI |

**Ainsi, une portion de 250 ml de lait de chèvre entier ou à 2 % fournit environ 100 UI de vitamine D,** alors que les besoins quotidiens sont de 200 UI entre 20 et 50 ans, de 400 UI entre 51 et 70 ans, et de 600 UI à partir de 71 ans.

---

2. 100 UI = 2,5 µg (microgrammes).

## LA THIAMINE

La thiamine, aussi appelée vitamine $B_1$, fait partie des vitamines du complexe B et permet de transformer en énergie les glucides consommés.

Le lait de chèvre en contient un peu plus que le lait de vache.

**Une portion de 250 ml de lait de chèvre fournit 0,117 mg de thiamine,** alors que les besoins quotidiens d'un adulte se situent entre 0,8 et 1,1 mg.

## LA NIACINE

La niacine, aussi appelée vitamine PP ou $B_3$, fait partie de deux coenzymes et joue un rôle dans l'utilisation des protéines, des glucides et des matières grasses, y compris les stéroïdes. Une carence grave mène à la pellagre qui se caractérise par des dermatites, des inflammations des muqueuses et des troubles psychiques.

Le lait de chèvre renferme trois fois plus de niacine que le lait de vache, ce qui équivaut à la quantité présente dans le lait maternel.

**Une quantité de 250 ml de lait de chèvre fournit 0,676 mg de niacine,** alors que les besoins quotidiens d'un adulte se situent entre 14 et 22 mg ou EN (équivalents niacine).

## L'ACIDE FOLIQUE

L'acide folique est une vitamine du complexe B (la $B_9$), nécessaire au renouvellement rapide des cellules, comme c'est le cas des globules rouges et des muqueuses qui tapissent le tube digestif. L'acide folique travaille conjointement avec la vitamine $B_{12}$ et le fer à maintenir l'intégrité du fonctionnement du système nerveux. Une carence importante mène à l'anémie mégaloblastique à tout âge de la vie. Une carence pendant la grossesse est associée à une malformation du tube neural chez le fœtus (spina-bifida), tandis qu'un apport alimentaire insuffisant chez un adulte peut contribuer à bloquer les artères en élevant le taux d'homocystéine dans le sang.

Le lait de chèvre non enrichi renferme huit fois moins d'acide folique que le lait de vache, et sa consommation exclusive par des bébés a causé des problèmes d'anémie mégaloblastique, cas rapportés dans la littérature scientifique. Pour contrer ce type de problème, la majorité du lait de chèvre à 3,25 % et à 2 %, vendu au Québec, est enrichi d'acide folique (10 µg pour 100 ml de lait) depuis avril 1998 sur une base volontaire et conformément à la Loi sur les aliments et drogues de Santé Canada. Il importe de bien lire les informations sur les contenants.

**Une quantité de 250 ml de lait de chèvre contient maintenant 25 µg d'acide**

**folique,** soit deux fois plus que le même volume de lait de vache et autant qu'un bol de laitue frisée, considérée comme une bonne source de cette vitamine. Le lait de chèvre enrichi respecte l'apport nutritionnel recommandé (ANR) en acide folique, particulièrement chez le bébé de 9 à 24 mois (voir le chapitre 4).

| TABLEAU 4 Apport nutritionnel recommandé en acide folique (1990) | | | |
|---|---|---|---|
| Âge | Sexe | Poids | ANR acide folique |
| 0-4 mois | M/F | 6 kg | 25 µg |
| 5-12 mois | M/F | 9 kg | 40 µg |
| 1 an | M/F | 11 kg | 40 µg |
| 2-3 ans | M/F | 14 kg | 50 µg |
| 4-6 ans | M/F | 18 kg | 70 µg |

## LE CALCIUM

Le calcium est un élément nutritif essentiel à une bonne minéralisation de l'os. Son action sur la croissance osseuse et sur le maintien de la densité osseuse est reconnue aujourd'hui plus que jamais. Le calcium joue également un rôle essentiel sur le rythme cardiaque, la coagulation sanguine et l'excitabilité neuromusculaire, tout au long de la vie.

Le lait de chèvre contient 8 % de plus de calcium que le lait de vache et, grâce à la présence du lactose et de la vitamine D ajoutée, ce calcium est bien utilisé.

**Une quantité de 250 ml de lait de chèvre contient 325 mg de calcium,** comparativement à 291 mg pour la même quantité de lait de vache entier. L'apport nutritionnel recommandé pour un adulte se situe entre 1000 et 1200 mg par jour.

| TABLEAU 5 | | |
|---|---|---|
| **Quelques aliments riches en calcium** | | |
| **Aliment** | **Quantité** | **Calcium** |
| Sardines en conserve | 3 oz 90 g | 393 mg |
| Ricotta | ½ tasse 135 g | 337 mg |
| Lait de chèvre à 3,25 % | 8 oz 250 ml | 325 mg |
| Lait de vache à 3,25 % | 8 oz 250 ml | 291 mg |
| Yogourt nature | ½ tasse 125 ml | 237 mg |
| Cheddar | 1 oz 30 g | 216 mg |
| Kéfir | ½ tasse 125 ml | 175 mg |
| Chou frisé cuit | 1 tasse 250 ml | 148 mg |
| Mélasse noire | 1 c. à soupe 15 ml | 138 mg |

## LE MAGNÉSIUM

Le magnésium est un sel minéral dont l'importance est sous-estimée à l'heure actuelle. Il joue un rôle sur l'ossature, les muscles et le système nerveux. Il participe au processus de défense de l'organisme, stimulant la croissance et l'immunité. Il favorise l'absorption des vitamines du complexe B. Il exerce des effets anti-stress, anti-allergique et anti-inflammatoire, et son activité est complémentaire à celle du calcium dans certains cas.

Le lait de chèvre renferme 4 % de plus de magnésium que le lait de vache; **250 ml de lait de chèvre fournissent 34 mg de magnésium,** alors que les besoins quotidiens d'un adulte se situent entre 320 mg et 420 mg par jour (1998).

## LE POTASSIUM

Le potassium agit à l'intérieur des cellules, du plasma, du tissu osseux et des cartilages. Il travaille à la formation des protéines, permet d'avoir recours aux réserves de glucose et gère l'excitabilité neuromusculaire. Il forme un tandem avec le sodium pour maintenir l'équilibre acide-base dans l'organisme. Une carence peut résulter d'une forte transpiration, de pertes digestives comme les diarrhées ou les vomissements ou d'un abus de médicaments tels que les diurétiques ou les laxatifs.

Dans les aliments, le potassium se trouve principalement dans les légumineuses comme les lentilles, ainsi que dans tous les fruits et légumes.

Le lait de chèvre en renferme une quantité fort intéressante, soit 25 % de plus que le lait de vache ; **une quantité de 250 ml de lait de chèvre fournit 498 mg de potassium,** soit autant que 250 ml de jus d'orange, réputé pour sa richesse en potassium.

Il n'y a pas de recommandations fixes en ce qui concerne le potassium, mais des recherches révèlent qu'une consommation importante de fruits et de légumes ainsi que de produits laitiers — ce qui fournit environ 4500 mg de potassium par jour — contribue à faire baisser la tension artérielle.

### TABLEAU 6

#### Quelques aliments riches en potassium

| Aliment | Quantité | | Potassium |
|---|---|---|---|
| Lentilles cuites | 1 tasse | 250 ml | 772 mg |
| Avocat | une moitié | une moitié | 500-700 mg |
| Lait de chèvre | 8 oz | 250 ml | 498 mg |
| Jus d'orange | 8 oz | 250 ml | 490 mg |
| Banane | moyenne | moyenne | 450 mg |
| Épinards cuits | $\frac{1}{2}$ tasse | 125 ml | 442 mg |
| Cantaloup | un quart | un quart | 412 mg |
| Brocoli cuit | 1 tasse | 250 ml | 400 mg |
| Lait de vache | 8 oz | 250 ml | 369 mg |
| Asperges cuites | $\frac{1}{2}$ tasse | 125 ml | 295 mg |
| Fraises fraîches | 1 tasse | 250 ml | 260 mg |
| Yogourt nature | $\frac{1}{2}$ tasse | 125 ml | 228 mg |
| Pomme | moyenne | moyenne | 159 mg |

## LE PHOSPHORE

Le phosphore participe à tous les méca-
nismes vitaux de l'organisme ; c'est l'un des
constituants fondamentaux de toute cellule
vivante. Il joue un rôle important dans la
structure des os et de la membrane cellulaire.
Il contribue comme le potassium au pouvoir
tampon et à l'équilibre acide-base.

Une carence peut se manifester chez des
enfants ou des adultes qui ont des problèmes
de malabsorption ou chez des personnes qui
utilisent de facon abusive des antiacides à
base d'hydroxyde d'aluminium.

Le lait de chèvre contient plus de phosphore que le lait de vache ; **une quantité de
250 ml en renferme 270 mg.** Il n'y a pas de
recommandations fixes à propos du phosphore, mais les besoins d'un individu semblent être du même ordre que ses besoins en
calcium, soit d'environ 800 mg par jour.

> Le lait de chèvre renferme globalement plus de cal-
> cium, de magnésium, de potassium et de phosphore
> que le lait de vache. Il possède, par le fait même, un
> grand pouvoir alcalinisant et un pouvoir tampon, ce
> qui contribue, entre autres, au maintien d'une bonne
> masse osseuse.

## D'AUTRES PARTICULARITÉS
## INTÉRESSANTES DU LAIT DE CHÈVRE

### *Le glutathion peroxydase*

Le glutathion peroxydase, connu également sous l'acronyme GSH, n'est ni une vitamine ni un minéral, mais un antioxydant. Comme vous le savez, un antioxydant est une substance qui neutralise les réactions indésirables causées par des molécules hyperactives un peu partout dans l'organisme.

Chaque cellule du corps humain a recours à plusieurs substances protectrices — dont font partie les antioxydants — pour lutter contre la maladie, les méfaits de la pollution et le vieillissement. Le GSH est actuellement considéré comme le maître des antioxydants parce qu'il facilite l'activité des autres antioxydants comme la vitamine E et la vitamine C. Il agit conjointement avec le sélénium, un minéral au même titre que le calcium et le magnésium, et se trouve en doses variables dans plusieurs aliments. Le taux de GSH présent dans les tissus s'affaisse rapidement lorsque l'organisme est carencé en sélénium.

**Or, le lait de chèvre renferme presque autant de sélénium que le lait maternel et deux fois plus de glutathion peroxydase que le lait de vache (voir le tableau 7).**

| TABLEAU 7 | | |
|---|---|---|
| **Tableau comparatif de la composition en sélénium et GSH** | | |
| **Lait** | **Sélénium (µg/ml)** | **Glutathion peroxydase (GSH) (mU/ml)** |
| Lait maternel | 15,2 | 36,0 |
| Lait de vache | 9,6 | 25,9 |
| Lait de chèvre | 13,3 | 57,3 |

## La xanthine oxydase

La xanthine oxydase est une enzyme qui facilite la dégradation de certaines protéines appelées purines et favorise, par la même occasion, l'accumulation d'acide urique dans le système. Une accumulation d'acide urique peut provoquer la goutte. Or, le lait de chèvre contient beaucoup moins de xanthine oxydase que le lait de vache, ce qui peut être utile dans les cas de goutte ou chez les personnes qui ont tendance à avoir un taux élevé d'acide urique dans le sang.

## Le lait de chèvre contient...

- des **protéines**, différentes de celles du lait de vache, qui se subdivisent en plus petits flocons, séjournent moins longtemps dans l'estomac et se digèrent plus facilement;
- plusieurs **acides gras** à chaîne moyenne qui sont reconnus pour leur grande digestibilité; ceux-ci ne requièrent que peu ou pas d'enzymes pour être digérés et ils n'ont pas besoin de la bile pour être émulsifiés;
- presque deux fois plus de **vitamine A** sous la forme active que le lait de vache et aucune trace de bêta-carotène, ce qui explique sa blancheur exceptionnelle;
- 100 UI de **vitamine D** par portion de 250 ml, soit autant que dans le lait de vache;
- trois fois plus de **niacine** que le lait de vache et autant que le lait maternel;
- 25 µg d'**acide folique** par portion de 250 ml, soit deux fois plus que le même volume de lait de vache;
- 325 mg de **calcium** par portion de 250 ml, soit un peu plus que le lait de vache;
- 498 mg de **potassium** par portion de 250 ml, soit 25 % de plus que le lait de vache et autant qu'un jus d'orange, réputé pour sa richesse en potassium;
- plus de **sélénium** et deux fois plus de **glutathion peroxydase** — deux antioxydants très reconnus — que le lait de vache.

# Chapitre 2

# Le lait de chèvre
# aux différents âges de la vie

ℒes particularités nutritionnelles du lait de chèvre décrites au chapitre précédent rendent ce lait plus indiqué que le lait de vache pour certaines personnes à certains moments de la vie. Encore faut-il préciser les risques possibles et les bénéfices escomptés, du berceau à l'âge d'or.

Il est important de noter que le lait de chèvre dont il est question dans les pages suivantes est un *lait frais, pasteurisé et enrichi de vitamine D et d'acide folique.* Il ne s'agit donc pas de lait de chèvre non enrichi, provenant directement de la ferme.

## NON RECOMMANDÉ POUR LE NOURRISSON DE MOINS DE NEUF MOIS

Tout comme le lait de vache, le lait de chèvre, même s'il est pasteurisé, enrichi de vitamine D et d'acide folique, n'est pas recommandé dans l'alimentation du bébé de moins de neuf mois. Pourquoi? Pour cinq bonnes raisons :

1. Aucun lait ne peut rivaliser avec le lait maternel. Celui-ci est tellement riche en facteurs immunologiques qu'il peut protéger le bébé contre toute une gamme d'infections respiratoires et gastro-intestinales. De plus, il fournit exactement la bonne dose d'éléments nutritifs pour satisfaire les besoins nutritionnels du nouveau-né pendant ses premiers mois de vie.

2. Le lait de chèvre contient trois fois plus de protéines que le lait maternel, et la qualité de ces protéines n'est pas comparable à la quantité de protéines contenue dans le lait maternel. De fait, le lait de chèvre renferme 20 % de lactosérum et 80 % de caséine, alors que le lait maternel contient trois fois plus de lactosérum et deux fois moins de caséine, ce qui facilite la digestion du bébé et son absorption.

3. Le lait de chèvre contient beaucoup plus de calcium, de phosphore, de sodium, de potassium et de chlore que le lait maternel. Ce contenu additionnel de minéraux et de protéines double la charge rénale du bébé et peut entraîner une grave déshydratation en cas de diarrhée ou de vomissements.

4. Le lait de chèvre renferme très peu d'acides gras essentiels, acides linoléique et alpha-linolénique — très importants dans

les premiers mois de vie pour le développement du cerveau et de la rétine de l'œil —, alors que le lait maternel en fournit suffisamment.

5. Le lait de chèvre renferme très peu de fer, élément important dans l'alimentation du bébé vers l'âge de quatre mois. De plus, le lait de chèvre renferme moins de lactose, de zinc et de vitamine C que le lait maternel.

En résumé, le lait de chèvre, au même titre que le lait de vache, n'est pas adapté aux besoins nutritionnels du nourrisson. Cela dit, le lait de chèvre a joué et joue toujours un rôle non négligeable dans l'alimentation infantile chez des bébés non allaités de nombreux pays d'Asie, du Maghreb et d'Afrique, ainsi que de nombreux pays en voie de développement. Il peut exceptionnellement être utile dans certaines circonstances, comme en témoignent ces deux médecins.

Le Dr Serge Therrien, qui pratique la pédiatrie à Sherbrooke depuis 1975, a recours au lait de chèvre lorsqu'un bébé non allaité de plus de deux mois souffre de troubles digestifs (dyspepsie, reflux, coliques, gaz) et qu'il tolère mal les préparations pour nourrissons à base de lait de vache ou de boisson de soya. Il note que la majorité des bébés réagissent bien, mais il recommande néanmoins le lait de chèvre de façon transitoire et le retour à une préparation pour nourrissons après quelques mois.

Le D$^r$ Grzesiak, pédiatre à Rochefort en France, utilise régulièrement, depuis plus de 10 ans, le lait de chèvre auprès de nourrissons non allaités. Il a relevé 60 cas cliniques et observé des résultats satisfaisants chez des bébés non allaités qui montraient des signes d'intolérance au lait de vache (coliques, vomissements, troubles du sommeil ou eczéma). Il a même noté que le lait de chèvre était mieux toléré chez certains bébés que des préparations hypoallergéniques comme les Nutramigen ou Pregestimil. Le D$^r$ Grzesiak souligne toutefois que le lait de chèvre doit être coupé avec de l'eau et du sucre dans le cas des nourrissons de deux à six mois et qu'il ne donne pas toujours des résultats favorables.

Il est possible, dans l'avenir, qu'une préparation pour nourrissons à base de lait de chèvre soit conçue pour allier les qualités de digestibilité de ce lait au respect des besoins nutritionnels du bébé mais, pour l'instant, la règle générale veut que l'on introduise le lait de chèvre dans l'alimentation infantile seulement après l'âge de neuf mois.

## RECOMMANDÉ APRÈS NEUF MOIS

Le lait de chèvre à 3,25 %, tout comme le lait de vache entier, peut être introduit dans l'alimentation du bébé à partir de neuf mois, lorsque celui-ci mange suffisamment d'aliments solides (soit environ 200 ml par jour) dont une certaine quantité de céréales pour bébés enrichies de fer.

Le lait de chèvre vendu au Québec est maintenant enrichi d'acide folique, ce qui élimine tout risque d'anémie mégaloblastique anciennement associé à ce lait. D'autres aliments comme les lentilles, l'avocat, le soya, les légumes verts et la levure sont très riches en acide folique, mais ils ne font pas vraiment partie du menu d'un bébé. Ainsi, selon les recommandations sur la nutrition de Santé Canada, un bébé de moins de deux ans a besoin de 40 µg d'acide folique par jour, et le lait de chèvre lui en fournit 25 µg par portion de 250 ml. S'il en boit deux verres (500 ml) par jour, ses besoins en acide folique sont amplement comblés, et les risques d'anémie mégaloblastique sont écartés.

Le lait de chèvre est également enrichi de vitamine D. Un bébé de moins de deux ans a besoin de 400 UI par jour de cette vitamine et le lait de chèvre lui en fournit environ 100 UI par portion de 250 ml.

En plus de fournir ces deux vitamines importantes, le lait de chèvre devient plus avantageux que le lait de vache pour certains enfants. Ainsi, le pédiatre Serge Therrien recommande souvent le lait de chèvre à des enfants qui souffrent d'infections des voies respiratoires (otite, sinusite ou bronchite) à répétition ou encore pour prévenir des réactions allergiques comme l'asthme ou l'eczéma; il a observé de bons résultats chez la grande majorité de ces jeunes clients.

Le lait de chèvre a également fait ses preuves pour assurer la croissance normale de l'enfant dans certains pays où le lait de vache est cher et rare. À Madagascar, où la malnutrition est fort répandue chez les tout-petits, quelques chercheurs ont voulu comparer auprès d'une population d'enfants de un à cinq ans gravement sous-alimentés l'effet du lait de chèvre à celui du lait de vache. Le Dr Razafindrakoto et ses collaborateurs ont soumis 30 enfants mal nourris à une étude en double aveugle. Les enfants qui étaient hospitalisés ont été divisés au hasard en deux groupes et ont reçu pendant 15 jours du lait de vache ou de chèvre enrichi d'huile et de sucre dans les deux cas. Ils ont bien toléré les deux laits et, au terme des deux semaines, le gain de poids et l'absorption du gras étaient identiques dans les deux groupes. Les enfants qui ont reçu du lait de chèvre ont vu leur hémoglobine augmenter légèrement et ceux qui ont reçu du lait de vache l'ont vue diminuer légèrement. Dans des conditions extrêmes, le lait de chèvre s'est révélé bénéfique à court terme pour la croissance de l'enfant; il peut donc être utile lorsque le lait de vache est cher et rare, soulignent les auteurs de l'étude.

Pour conclure, disons que lorsque les deux laits sont accessibles, comme c'est le cas en Amérique du Nord, le lait de chèvre peut rendre service à l'enfant qui digère difficilement le lait de vache, qui souffre d'infections respiratoires à répétition ou qui fait de l'eczéma.

## INTÉRESSANT PENDANT LA GROSSESSE

Tous reconnaissent le rôle que joue la nutrition sur la santé de la femme enceinte et sur celle de son bébé. À ce propos, Santé Canada vient de publier des lignes directrices nationales à l'intention des femmes en âge de procréer : *Nutrition pour une grossesse en santé.* Ce document met l'accent sur l'importance d'un apport suffisant en calcium, en vitamine D et en fer, et présente une approche novatrice concernant le gain de poids. Il souligne également l'impact de l'acide folique qui est indispensable pour la croissance des cellules et le bon fonctionnement du système nerveux et de la moelle osseuse, particulièrement au moment de la grossesse.

Avant la conception, les femmes qui manquent d'acide folique risquent de provoquer une malformation du tube neural du fœtus qu'elles portent ou encore de donner naissance à un bébé de petit poids. Les jeunes femmes qui ont pris des anovulants pendant des années, les adolescentes qui suivent des régimes amaigrissants à répétition, qui se nourrissent de fast-food ou qui fument n'ont pas suffisamment d'acide folique pour amorcer sainement une grossesse. On recommande donc à la femme qui veut devenir enceinte et à celle qui est au début d'une grossesse de prendre un supplément de 400 µg d'acide folique par jour. Le lait de chèvre pasteurisé à 3,25 % ou à 2 % de matières grasses, enrichi d'acide folique, fournit 100 µg d'acide folique par litre. Il peut contribuer à réduire les risques de malformation du tube neural.

Au Québec, près de 20 % des femmes enceintes de milieux défavorisés courent le risque de mettre au monde un bébé de petit poids (moins de 2,5 kg ou 5 $^1/_2$ lb). Toutefois, grâce à une intervention nutritionnelle unique conçue il y a près de 50 ans par le Dispensaire diététique de Montréal pour venir en aide à ces femmes, un litre de lait, un œuf et une multivitamine par jour réussissent à réduire le taux d'accouchements prématurés et de naissances de bébés de petits poids. Toutes les femmes enceintes ne sont pas aussi vulnérables, mais toutes ont besoin d'ajouter à leur menu prénatal des calories, des protéines, de l'acide folique, du fer, du calcium et de la vitamine D afin de s'assurer un gain de poids adéquat durant la grossesse, de rendre l'accouchement plus facile et de donner naissance à un bébé en bonne santé.

Selon les recommandations de Santé Canada en la matière, la femme enceinte a besoin d'augmenter sa consommation de certains nutriments.

| Grossesse | Acide folique | Fer | Calcium | Vitamine D |
|---|---|---|---|---|
| 1er trimestre | 400 µg | 13 mg | 1200-1500 mg | 200 UI |
| 2e trimestre | 400 µg | 18 mg | 1200-1500 mg | 200 UI |
| 3e trimestre | 400 µg | 23 mg | 1200-1500 mg | 200 UI |

Le lait de chèvre permet, lui aussi, de satisfaire une partie des exigences nutritionnelles de la grossesse.

| Lait de chèvre | Acide folique | Calcium | Vitamine D |
|---|---|---|---|
| 750 ml (3 verres) | 75 µg | 975 mg | 306 UI |
| 1 litre (4 verres) | 100 µg | 1300 mg | 424 UI |

De plus, la grande digestibilité des acides gras à chaîne moyenne présents dans le lait de chèvre peut aider à soulager certains problèmes digestifs associés à la grossesse. Et si le lactose est mal toléré, le yogourt nature de chèvre sans lactose peut fournir 10 g de protéines par 175 g ($^3/_4$ tasse) et 286 mg de calcium, soit une solution de rechange savoureuse et nourrissante.

De fait, le lait et le yogourt de chèvre ont beaucoup à offrir à celles qui veulent vivre une grossesse saine.

## INTÉRESSANT PENDANT L'ALLAITEMENT

Bien manger pendant l'allaitement favorise une bonne production de lait maternel et le maintien d'une belle énergie. Une femme qui allaite a presque les mêmes besoins nutritionnels qu'une femme enceinte ; elle doit choisir des aliments contenant suffisamment de protéines, de calcium et de vitamine D, trois éléments nutritifs naturellement contenus dans le lait, y compris le lait de chèvre.

En revanche, une forte consommation de lait de vache par la maman peut occasionnellement causer des coliques chez certains bébés allaités qui réagissent aux protéines bovines. Dans de telles circonstances, il est recommandé d'éliminer les protéines bovines ; il serait alors indiqué de les remplacer par des protéines caprines de plus petite taille, qui coagulent en flocons beaucoup plus friables et faciles à digérer. Substituer du lait de chèvre au lait de vache est fort simple et pourrait aider plusieurs mamans qui, ne sachant pas par quoi remplacer le lait de vache, se privent d'une excellente source de protéines, de calcium et de vitamine D.

## INTÉRESSANT À LA MÉNOPAUSE

Les femmes dans la quarantaine et la jeune cinquantaine sont de plus en plus conscientes de l'effet de leurs habitudes alimentaires sur leur état de santé présent et futur. Elles veulent, entre autres, maintenir une bonne densité osseuse et prévenir l'ostéoporose, maladie qui fait perdre quelques centimètres de hauteur et qui peut mener à des fractures spontanées. Elles veulent aussi maintenir un bon apport de vitamine D.

Certaines femmes augmentent leur consommation d'aliments riches en calcium et se remettent au lait, un aliment riche en calcium et enrichi de vitamine D. D'autres éprouvent des troubles digestifs, réagissent mal au surplus de lactose ou tolèrent mal les protéines du lait de vache.

Le lait de chèvre se digère plus rapidement et plus facilement que le lait de vache ; **il fournit au moins 300 mg de calcium et 100 UI de vitamine D par portion de 250 ml.** Il mérite d'être essayé avant le recours au simple supplément de calcium, car il offre davantage sur le plan nutritionnel.

Très riche en potassium et en phosphore, (voir le chapitre 2), le lait de chèvre peut également contribuer à réduire l'acidité et, par le fait même, à protéger le calcium et les autres minéraux présents dans les os.

Un nouveau yogourt au lait de chèvre « délactosé » sur le marché offre quant à lui une solution de rechange intéressante comme source de calcium aux femmes qui tolèrent mal le lactose ; **une portion de 250 ml (1 tasse) de yogourt au lait de chèvre contient 340 mg de calcium.**

**Le lait ou le yogourt de chèvre constituent d'excellentes sources de protéines (9 g par portion de 250 ml).** L'un ou l'autre peut être pris à l'heure de la collation, avec un fruit frais si désiré, pour éviter les baisses d'énergie fréquemment causées par la ménopause.

Pour toutes ces raisons, le lait et le yogourt de chèvre peuvent faire partie d'une alimentation améliorée à la ménopause.

## INTÉRESSANT DANS L'ALIMENTATION
## DES PERSONNES ÂGÉES

En l'an 2000, 25 % des Canadiens auront plus de 55 ans. La population âgée est non seulement plus nombreuse, mais elle vit plus longtemps. Une enquête menée en 1997 par l'Institut national de nutrition auprès des 55 ans et plus a révélé que les hommes plus âgés (75 ans et plus) accordent plus d'importance à la nutrition que les moins âgés, alors qu'on observe le phénomène inverse chez les femmes. Par ailleurs, le calcium est l'élément nutritif qui retient grandement l'attention de 81 % des femmes de 55 ans par rapport à seulement 49 % des hommes du même âge. Or, malgré cet intérêt pour le calcium, la consommation de produits laitiers est insuffisante autant chez les hommes que chez les femmes de 50 ans et plus.

D'autres études menées auprès de personnes âgées de Terre-Neuve et de Nouvelle-Écosse révèlent une insuffisance des apports de calcium, d'acide folique, de vitamine D, de zinc ainsi que des vitamines $B_6$ et $B_{12}$ chez plusieurs aînés. Situation inquiétante qui n'aide pas à vieillir en bonne santé.

Avec le vieillissement, les fonctions digestives ralentissent et peuvent causer des malaises à l'heure des repas. Grâce à sa composition unique en acides aminés et en acides gras à chaîne moyenne (voir le chapitre 2), le lait de chèvre est beaucoup plus facile à digérer tout en fournissant autant de protéines et encore plus de calcium, de vitamine A et d'acide folique que le lait de vache. Si vous avez abandonné le lait à cause de problèmes digestifs, laissez-vous tenter par le lait de chèvre et le yogourt sans lactose; vous serez étonné de votre réaction et de leur bon goût.

Certaines affections comme la goutte peuvent également survenir. Les personnes vulnérables seront heureuses d'apprendre que le lait de chèvre contient 10 fois moins de xanthine oxydase que le lait de vache (voir le chapitre 2). Ainsi, moins il y a de xanthine oxydase, moins il y a d'augmentation de l'acide urique dans le sang et moins il y a de douleurs provoquées par la goutte. Le lait de chèvre est donc beaucoup mieux toléré par les personnes âgées affligées de ce problème.

L'intolérance au lactose peut aussi se manifester ou s'accentuer avec l'âge. Les personnes qui souffrent de cette condition auront intérêt à découvrir le yogourt de chèvre délactosé et même le lait de chèvre (voir le chapitre 4).

L'hypertension artérielle est également plus fréquente chez la population vieillissante et peut être mieux contrôlée par une consommation abondante d'aliments riches en calcium et en potassium, deux éléments nutritifs qui se trouvent en plus grande quantité dans le lait de chèvre que dans le lait de vache.

En résumé, le lait et le yogourt de chèvre s'intègrent parfaitement à une alimentation santé, du berceau au troisième âge.

## *Au cours de la vie, le lait de chèvre est...*

- **non recommandé pour le nourrisson de moins de neuf mois...**
  parce qu'il est trop riche en minéraux et en protéines et trop pauvre en acides gras essentiels, tout comme le lait de vache ;
- **recommandé après neuf mois...**
  grâce à l'ajout d'acide folique et de vitamine D ; il convient à l'enfant et peut être plus avantageux que le lait de vache, entre autres, dans certains cas d'infections respiratoires à répétition ;
- **intéressant pendant la grossesse...**
  parce qu'il peut aider à soulager certains problèmes digestifs associés à la grossesse et parce qu'il est riche en protéines ainsi qu'en calcium et autres minéraux ;
- **intéressant pendant l'allaitement...**
  à cause de son contenu en protéines plus faciles à digérer ; il pourrait nourrir la maman convenablement lorsque le bébé est intolérant aux protéines bovines ;
- **intéressant à la ménopause...**
  parce qu'il est riche en calcium et en vitamine D, et plus facile à digérer que le lait de vache ;
- **intéressant dans l'alimentation des personnes âgées...**
  parce que ses protéines et ses gras sont plus faciles à digérer et qu'il est riche en calcium et autres minéraux, éléments nutritifs qui peuvent faire défaut à cet âge.

*Chapitre 3*

# Allergies et intolérances

Comment se fait-il que depuis des millénaires on rapporte les bienfaits du lait de chèvre ? Histoires de « bonnes femmes » ou pouvoir bien réel ?

Les aliments peuvent nous rendre malades, d'une part parce que nous mangeons trop ou trop peu, d'autre part parce que nous réagissons mal à un aliment ou à une substance contenue dans cet aliment en raison d'une intolérance ou d'une allergie alimentaire.

La majorité des mauvaises réactions aux aliments sont dues à des intolérances. Une intolérance est une incapacité de supporter un médicament, un aliment ou un additif alimentaire aux doses tolérées par les autres individus, sans mettre en cause le système immunitaire. Le système immunitaire est le système de défense de l'organisme. Il a pour fonction de protéger ce dernier contre les substances qui lui sont étrangères, en général des micro-organismes.

Une intolérance peut apparaître dans certaines circonstances : à la suite d'intoxications alimentaires (les toxines sont sécrétées par des micro-organismes comme la salmonelle) ; parce que certains aliments ont des propriétés pharmacologiques (l'abus de café ou de boissons gazeuses contenant de la caféine peut provoquer une série de malaises digestifs) ; parce que le système digestif manque ou ne fabrique pas suffisamment d'enzymes pour que la digestion se fasse normalement (une carence en lactase est responsable de l'intolérance au lactose). Des symptômes d'intolérance alimentaire peuvent même se présenter à un moment donné sans jamais réapparaître par la suite.

Une allergie est une réaction d'hypersensibilité à une substance inoffensive pour la plupart des individus, et qui entraîne une réaction du système immunitaire, contrairement à l'intolérance.

Il est souvent difficile de distinguer une allergie d'une intolérance parce que les réactions provoquées par l'une et par l'autre peuvent se ressembler étrangement. Les troubles digestifs manifestés dans les cas d'intolérance au lactose et d'allergie au lait en sont de bons exemples.

## L'INTOLÉRANCE AU LACTOSE

Pour digérer le lactose, qui est le sucre du lait, on a besoin d'une enzyme spécifique, la lactase. Lorsqu'une prédisposition génétique ou un problème de santé empêche ou limite l'action de la lactase, le lactose n'est pas digéré ou ne l'est que partiellement. La malabsorption qui s'ensuit provoque des malaises digestifs comme des ballonnements, des gaz, des nausées, des vomissements, des douleurs abdominales ou de la diarrhée. Ces symptômes, dont le nombre et l'intensité varient selon les cas, et que l'on peut confondre avec des manifestations d'allergie au lait, peuvent se manifester une demi-heure ou plusieurs heures après l'ingestion de lactose.

Il existe deux types de déficience en lactase. La déficience primaire est permanente et affecte les trois quarts de la population mondiale. Le nombre de personnes touchées varie, selon la race et l'âge, d'environ 5 % dans les pays occidentaux d'Europe du Nord à presque 100 % dans certaines parties d'Asie et d'Afrique. Il y a aussi une diminution normale de l'activité de la lactase qui se manifeste avec l'âge. La déficience secondaire est généralement causée par une détérioration de la muqueuse intestinale. Une infection gastro-intestinale, la malnutrition, la maladie cœliaque, une allergie au lait de vache, certains médicaments et des interventions chirurgicales gastro-intestinales peuvent être à l'origine de l'intolérance secondaire au lactose. En général, cette intolérance se résorbe avec le temps lorsque le problème est résolu et que l'intestin est guéri.

Les personnes qui souffrent d'intolérance au lactose, primaire ou secondaire, doivent donc, pour un certain temps ou pour toujours, éviter les produits laitiers, en diminuer la consommation ou utiliser des produits laitiers dont la teneur en lactose est réduite partiellement ou totalement.

Le lait de chèvre contient du lactose, mais on trouve sur le marché des produits de la chèvre, yogourts et poudres de lactosérum dont on a réduit la teneur en lactose à 1 % ou moins. Les fromages de chèvre affinés, comme ceux du lait de vache, contiennent moins de lactose que les fromages frais.

| Quantité de lactose dans le lait maternel, les laits de vache et de chèvre | | | |
|---|---|---|---|
| | Femme | Vache | Chèvre |
| Lactose (g/100ml) | 6,8 | 4,9 | 4,5 |

## LES ALLERGIES ALIMENTAIRES

Les réactions indésirables causées par les allergies alimentaires sont connues depuis très longtemps. Dès le $V^e$ siècle avant J.-C., Hippocrate reconnaissait que le lait de vache pouvait causer des troubles digestifs et de l'urticaire. Mais c'est seulement en 1906 que le $D^r$ Clemens von Pirquet introduisait la notion d'allergie.

L'expression « allergie alimentaire » signifie toute réaction d'hypersensibilité occasionnée par une substance considérée comme un aliment (cela inclut les additifs alimentaires, mais exclut les médicaments pris par voie orale), lorsque celle-ci est ingérée, inhalée ou touchée. L'allergie peut être qualifiée d'«allergie digestive» lorsque la réaction d'hypersensibilité affectant le tube digestif est occasionnée par une substance qui y est étrangère (aliment ou non), que cette dernière soit ingérée, inhalée, touchée ou injectée.

Les allergies et les autres types de réactions alimentaires peuvent être provoqués par quatre catégories d'aliments : les aliments d'origine animale et ceux d'origine végétale, les additifs et les contaminants. On entend par contaminant une substance qui n'est pas naturellement présente dans un aliment, mais qui peut s'y retrouver accidentellement. Par exemple, la pénicilline ingérée par la vache ou certaines substances qui se déposent dans le lait durant les manipulations ou le transport peuvent contaminer cet aliment.

Chaque catégorie peut être divisée en différents groupes. Lorsqu'on est allergique à un élément d'un de ces groupes, on peut aussi l'être à d'autres éléments d'un même groupe. En revanche, il arrive que des personnes allergiques au lait de vache, par exemple, puissent tolérer le lait de chèvre et la viande de bœuf. Enfin, un même aliment peut contenir plusieurs allergènes, et on n'est pas nécessairement allergique à tous les allergènes que contient cet aliment. Dans le cas des allergies alimentaires, les allergènes entraînant la production

d'immunoglobulines, le plus souvent d'immunoglobulines E (IgE), sont responsables des
manifestations allergiques.

Les allergies alimentaires sont parfois très
graves et peuvent entraîner la mort si l'on n'in-
tervient pas à temps : c'est le choc anaphylac-
tique. Toutefois, les réactions ne sont pas toujours aussi dramatiques ; les allergies peuvent
engendrer, selon les cas, des problèmes digestifs
(vomissements, diarrhée, douleurs et distension
abdominales ou coliques), cutanés (urticaire,
eczéma ou dermatite), respiratoires (asthme,
bronchite ou rhinite) ou nerveux (irritabilité,
hyperactivité, fatigue, migraine ou dépression).
L'identification d'une substance allergène est
souvent très difficile parce qu'il peut y avoir un
délai de quelques heures ou de quelques jours
entre le moment où cette substance est ingérée
et celui de l'apparition des symptômes.

Le diagnostic de l'hypersensibilité alimentaire est également difficile à poser. D'autres
problèmes ou maladies, comme l'intolérance
ou entéropathie au gluten (maladie cœliaque), peuvent provoquer à peu près les
mêmes symptômes.

Les tests diagnostiques, qu'ils soient cutanés ou encore administrés par dosage radio-
immunologique (RAST), ne permettent pas
toujours de dépister avec certitude les substances allergènes. Dans la plupart des cas,
seule une diète d'élimination, bien menée par
un diététiste-nutritionniste, permettra d'iden-
tifier le ou les coupables.

Les aliments qui provoquent le plus souvent des réactions allergiques sont les ara-
chides, les noix, les fruits de mer, les poissons,
le lait de vache, le soya et le blé. Mais plus de
160 autres aliments connus ont causé de telles
réactions.

On ne vient pas au monde allergique à un
aliment, on le devient parce qu'on y est exposé,
et parce qu'on est prédisposé à contracter une
allergie. Les allergies où entrent en jeu les IgE
affectent entre 1 et 2 % de la population en
général, mais de 5 à 8 % des nourrissons et des
enfants de moins de trois ans.

Les nourrissons qui risquent le plus de
souffrir d'une allergie au lait de vache ont des
parents, des frères ou des sœurs aînés qui en
souffrent ou qui en ont déjà souffert. Le
risque est de 12 %, lorsqu'il n'y a pas d'allergie dans la famille; il s'élève à 20 % si le père
ou la mère souffre d'allergie; à 32 % si c'est le
cas pour un frère ou une sœur; à 43 % si le
père et la mère présentent des symptômes
allergiques et enfin à 72 % si les mêmes
symptômes se manifestent chez les deux parents, que ce soit l'eczéma, l'urticaire, les allergies alimentaires, la rhinite allergique, le
rhume des foins ou l'asthme.

Le traitement de l'allergie doit d'abord
être préventif, surtout si, dans la famille, il y a
déjà des cas d'allergie. On doit alors, dans la
mesure du possible, éviter tout contact avec
les principaux agents susceptibles de causer
l'allergie. Ensuite, il peut être curatif. En effet,

il est possible de traiter les épisodes aigus, mais il faut commencer par tout faire pour éviter l'agent allergène quand celui-ci est identifié. Il n'est pas possible de réduire le degré de sensibilité à une allergie alimentaire comme on peut le faire par une série d'injections quand il s'agit d'allergies inhalatoires (au pollen, aux graminées, etc.).

## LAIT DE VACHE OU LAIT DE CHÈVRE : LEQUEL EST LE MOINS ALLERGÈNE, LE MIEUX TOLÉRÉ, LE PLUS DIGESTIBLE ?

En France, la fréquence des intolérances ou allergies aux protéines du lait de vache se situe entre 2 et 4 %. Au cours des années 1990, des médecins français, les D$^{rs}$ Reinert et Fabre, ont effectué une expérience avec le lait de chèvre. Ils ont offert à 55 enfants dont 30 avaient entre 6 mois et 1 an, et 25 plus de 1 an, une préparation de lait de chèvre qui répondait aux exigences de la législation française des produits diététiques pour enfants de 4 mois et plus. Quarante-trois enfants étaient intolérants ou allergiques aux protéines bovines, 15 souffraient d'allergies respiratoires ou cutanées et 11, du côlon irritable. La durée de l'étude a varié de huit jours à un an.

La majorité des enfants ont bien accepté le lait de chèvre. Trois ne l'ont pas accepté ; quatre ont plus ou moins bien réagi. Un seul enfant, parmi les 51 atteints d'une intolérance ou allergie aux protéines du lait de vache, a mal réagi aux protéines du lait de chèvre.

De 1985 à 1996, le D^r Grzesiak, pédiatre français, a utilisé le lait de chèvre pour traiter 60 enfants qui présentaient différents symptômes d'intolérance ou d'allergie au lait de vache ou qui avaient de la difficulté à le digérer. Ce fut un succès chez 46 d'entre eux.

Depuis près de 25 ans, une équipe de chercheurs d'Angers (Sabbah, 1997) ont pris l'habitude d'offrir du lait de chèvre à des enfants allergiques au lait de vache ou soupçonnés de l'être. Dans l'ensemble les résultats obtenus étaient satisfaisants.

Quelques différences pour ce qui est du contenu en protéines de ces deux laits pourraient expliquer cette meilleure tolérance. Par exemple, un enfant allergique à une protéine qui se trouve seulement dans le lait de vache (une lactalbumine spécifique à l'espèce bovine) et seulement à cette protéine, réagira bien au lait de chèvre qui en est dépourvu. De plus, le lait de chèvre contient moins d'une certaine forme de caséine que le lait de vache, ce qui en favoriserait la tolérance.

Cependant, depuis quelques années, des cas d'allergies aux protéines du lait de chèvre sont rapportés par certains auteurs, et des travaux récents démontrent l'existence de réactions croisées entre protéines du lait de vache et protéines du lait de chèvre.

Est-ce qu'une consommation accrue de lait de chèvre pourrait conduire à une augmentation des cas d'allergie à cet aliment? Est-ce que les techniques de production et de conditionnement des protéines du lait de chèvre seraient en cause ?

Dans le domaine des allergies, la prudence s'impose, et il n'est jamais recommandé d'offrir au nourrisson allergique non allaité du lait de chèvre plutôt qu'un lait maternisé hypoallergénique dans les premiers mois de vie. En 1998, une publication de Santé Canada intitulée *La nutrition du nourrisson né à terme et en santé* le confirme ainsi : « À cause de la réactivité croisée, les nourrissons qui sont allergiques aux protéines de lait de vache le seront probablement aussi au lait de chèvre. »

Plus tard dans la vie, il est possible d'essayer de remplacer le lait de vache par le lait de chèvre, mais seulement sous supervision médicale et diététique.

## LE LAIT DE CHÈVRE SERAIT MOINS ALLERGÈNE, DONC MIEUX TOLÉRÉ QUE LE LAIT DE VACHE ET IL SERAIT PLUS FACILE À DIGÉRER

En fait, le lait de chèvre, même s'il ne diffère pas substantiellement du lait de vache, a des propriétés intéressantes qui peuvent nous aider à comprendre pourquoi, dans certains cas, il est mieux toléré que ce dernier.

Des travaux effectués en Algérie, et dont on a publié les résultats en 1993 (Hachelas et coll.), ont bien montré que le lait de chèvre améliorait l'absorption intestinale des graisses chez des enfants présentant une malabsorption intestinale et une malnutrition liées à une intolérance au gluten (maladie cœliaque).

Le lait contient une certaine quantité de matières grasses sous forme de globules. Les globules de gras du lait de chèvre sont plus petits que ceux du lait de vache et, par le fait même, plus faciles à digérer.

Les matières grasses contenues dans ces globules sont des acides gras à chaîne plus ou moins longue. On reconnaît la longueur d'une chaîne au nombre d'atomes de carbone qui la composent. Dans un chapitre précédent, nous avons vu que les acides gras à chaîne courte et moyenne (6, 8 ou 10 carbones) sont au moins deux fois plus nombreux dans le lait de chèvre que dans le lait de vache. Les acides gras à chaîne moyenne sont aussi appelés triglycérides à chaîne moyenne (TCM). Ces deux types d'acides gras ont l'avantage d'être digérés plus rapidement. La digestibilité des acides gras du lait de chèvre a été étudiée chez des enfants présentant une malnutrition d'origine digestive ou un mauvais fonctionnement du pancréas.

Les protéines du lait de chèvre seraient aussi plus faciles à digérer que celles du lait de vache parce qu'elles forment un caillé plus mou et plus friable. Ce caillé serait plus rapidement attaqué par les enzymes nécessaires à la digestion.

Il est aussi possible que le lait de chèvre soit mieux toléré que le lait de vache par des estomacs fragiles parce qu'il a la propriété de conserver au contenu de l'estomac son degré d'acidité normal. Il peut être utile dans le traitement des ulcères.

Le lait de chèvre peut donc représenter une solution de rechange intéressante au lait de vache dans certaines conditions particulières. L'essayer serait peut-être l'adopter !

## Le lait de chèvre...

- **est moins allergène que le lait de vache et peut le remplacer dans certains cas...**
  parce que sa composition en protéines n'est pas exactement la même que celle du lait de vache;

- **n'est pas recommandé pour le nourrisson allergique au lait de vache...**
  parce qu'il peut se produire des réactions croisées entre protéines du lait de vache et protéines du lait de chèvre;

- **est plus facile à digérer que le lait de vache...**
  parce que certaines matières grasses qu'il contient s'absorbent plus facilement et, de ce fait, se digèrent plus rapidement, et aussi parce que les protéines du lait de chèvre forment un caillé plus mou et plus friable, ce qui facilite l'action des enzymes nécessaires à leur digestion;

- **n'est pas recommandé dans les cas d'intolérance au lactose...**
  parce que le lait de chèvre, comme le lait de vache, contient du lactose.

*Chapitre 4*

## Le lait de chèvre
## dans notre quotidien

*A*u Québec, c'est bien connu, les adultes ne consomment pas suffisamment de produits laitiers. Les hommes de 18 à 34 ans sont en fait les seuls à consommer 2 portions de produits laitiers par jour, soit les quantités recommandées par Santé Canada.

---

**Qu'est-ce qu'une portion ?**

Une portion correspond à 250 ml de lait (1 tasse), à 50 g de fromage (1 ½ oz ) ou à 175 g de yogourt (¾ tasse).

---

Il est de fait recommandé de consommer quotidiennement les quantités suivantes de produits laitiers :

- Pour les enfants de 4 à 9 ans : 2 à 3 portions ;

- Pour les enfants de 10 à 12 ans : 3 à 4 portions ;
- Pour les adultes : 2 à 4 portions ;
- Pour les femmes enceintes ou qui allaitent : 3 à 4 portions.

On constate aussi que les Québécois ont modifié la composition de leur consommation de produits laitiers. Il semble que le fromage ait remplacé le lait. Pourtant, le lait est beaucoup plus maigre que le fromage et il est le seul produit laitier à être enrichi de vitamine D. Pourquoi les Québécois ne boivent-ils pas plus de lait ? Est-ce parce qu'ils n'en connaissent pas la valeur nutritive ? Ou parce qu'ils ignorent qu'il en existe différentes variétés ? Quoi qu'il en soit, il y a lieu d'augmenter la consommation de produits laitiers, de lait en particulier, et peut-être serait-il plus facile de le faire en se tournant vers des produits encore moins connus, comme le lait de chèvre, par exemple.

Dans les chapitres précédents, nous avons examiné les vertus du lait de chèvre, notamment en ce qui concerne ses éléments nutritifs et sa digestibilité. Ainsi, nous avons signalé que le lait de chèvre apporte des protéines, du calcium, de la vitamine D, du magnésium, du phosphore, du potassium, de la niacine, de l'acide folique, sans oublier l'énergie qu'il procure.

Comme tout autre produit laitier, le lait de chèvre constitue un aliment à privilégier, tant pour ses qualités nutritionnelles, sa bonne digestibilité et ses propriétés hypoallergéniques que pour la fraîcheur remarquable de son goût. Il n'a plus le goût d'autrefois! Essayez-le, c'est toute une découverte.

### Où trouve-t-on le lait de chèvre?

Depuis longtemps, on trouve le lait frais pasteurisé en bouteilles de plastique dans les fromageries, les fermes artisanales et les boutiques spécialisées. Récemment, un lait de chèvre enrichi en vitamines A et D et en acide folique a fait son apparition au rayon des produits laitiers. Ce lait doit être réfrigéré afin d'obtenir le maximum de saveur.

Enfin, il est plus blanc que le lait de vache, car il ne contient pas de carotène, le pigment rouge orangé qui donne au lait de vache la teinte qu'on lui connaît.

Selon ses préférences, on peut le boire aux repas ou à la collation; on peut le consommer tel quel ou dans les potages, les desserts, les céréales, les sauces, les boissons fouettées, les vinaigrettes, les tartinades, etc.

Les amateurs de cappuccino ou de lait fouetté apprécieront, eux aussi, le lait de chèvre, qui mousse plus que le lait de vache. En effet, comme le lait de chèvre contient une plus grande quantité d'alpha-lactalbumine, il suffit de le fouetter pour obtenir rapidement une belle mousse blanche, qu'il s'agisse de lait de chèvre à 2 % ou à 3,25 %.

## LES YOGOURTS DE CHÈVRE

La dénomination yogourt est spécifiquement réservée au lait ayant été fermenté sous l'action de deux bactéries spécifiques : *Lactobacillus bulgaricus* et *Streptococcus thermophilus*. Toutes les préparations lactées qui font intervenir d'autres bactéries sont appelés «laits fermentés». La réglementation canadienne autorise l'ajout d'autres bactéries lactiques telles que *Lactobacillus acidophilus* et les bifidobactéries.

En Europe, les laits fermentés devinrent importants pour la première fois dans l'alimentation humaine avec l'arrivée des nomades d'Asie. Un peu plus tard, le yogourt fut introduit en France sous le règne de François I$^{er}$. Et c'est au début du XX$^e$ siècle, grâce aux travaux de Ilia Ilitch Metchnikov, célèbre microbiologiste russe et détenteur d'un prix Nobel de médecine, que les bons effets du yogourt pour la flore intestinale ont été connus.

Les préparations originales, recherchées pour leur goût et leur onctuosité, étaient à base de lait de chèvre ou de brebis. La fabrication de ces laits fermentés a été perpétuée jusqu'à nos jours par de nombreuses peuplades nomades ou sédentaires des Balkans, de la Turquie ou des pays du Proche et du Moyen-Orient.

Du point de vue nutritif, le yogourt de chèvre possède les mêmes vertus que le lait dont il provient. C'est une bonne source de protéines, de minéraux et de vitamines du groupe B, dont la vitamine $B_{12}$ et l'acide folique. La fermentation du lait de chèvre au cours de la fabrication du yogourt entraîne un accroissement de ces vitamines.

Les yogourts de chèvre se dégustent avec plaisir et on les trouve dans les magasins d'aliments naturels et dans certaines fromageries. Le marché offre deux types de yogourts de chèvre : traditionnel et sans lactose. Ce dernier est particulièrement onctueux et son goût un peu plus sucré provient de l'absence de lactose. En effet, l'ajout de lactase, enzyme qui scinde la lactose en glucose et en galactose, produit un goût naturellement plus sucré.

Les yogourts délactosés semblent être plus doux que le yogourt de chèvre nature ordinaire. Or, les consommateurs invoquent souvent comme objection, à propos du yogourt nature ordinaire, le fait qu'il ne soit pas assez sucré. On peut donc penser que ce yogourt de chèvre sera plus susceptible de plaire à un plus grand nombre de consommateurs avec ou sans intolérance au lactose.

Le yogourt de chèvre peut facilement se marier à toute recette exigeant du yogourt, de la crème sure ou de la mayonnaise. Signalons aussi l'importance de vérifier la date de péremption inscrite sur le contenant, comme il est d'ailleurs recommandé de le faire pour tout produit laitier.

## LES FROMAGES DE CHÈVRE

Les fromages de chèvre sont sans doute les mieux connus des produits caprins. Ces fromages ont sensiblement les mêmes avantages que le lait dont ils proviennent : ils occasionnent moins d'allergies et ils sont très digestibles, donc particulièrement bénéfiques aux personnes qui ont l'estomac fragile. Si le lait de chèvre nature est pauvre en acide folique (voir le chapitre 2), les fromages sont en revanche plus riches en cette vitamine, grâce aux synthèses microbiennes qui se produisent durant leur fabrication. De plus, la fermentation du lait de chèvre s'accompagne d'une augmentation des vitamines du groupe B, particulièrement de la thiamine.

Les fromages de chèvre sont généralement plus humides et moins gras que les fromages de vache équivalents. De plus, les fromages de chèvre frais sont moins gras que les cheddars ou les fromages affinés. Ces fromages sont en outre plus digestibles parce qu'ils contiennent davantage d'acide gras à chaîne moyenne.

Ce livre met l'accent sur les aspects santé du lait et du yogourt de chèvre. Le volet gastronomique, bien que succintement abordé dans cette section, sera exposé lors d'une prochaine parution.

Il s'agit là d'un vaste sujet, compte tenu de la variété des fromages de chèvre offerts sur le marché : fromages frais, fromages aromatisés, paillot, pyramides, type camembert, type

cheddar, type feta, à croûtes lavées, type par-
mesan, etc.

Ces fromages peuvent être employés à
mille et une sauces sur des pâtes, en hors-
d'œuvre, en fondue, au gratin, en salade, en
dessert...

Bref, qu'il s'agisse de lait, de yogourt ou de
fromage de chèvre, ces produits trouvent facilement leur place dans les menus quotidiens.

| TABLEAU 8 | | | | |
|---|---|---|---|---|
| **Tableau comparatif (pour 100 g de fromage)** | | | | |
| **Type de fromage** | **Calories (kcal)** | **Matières grasses (g)** | **Protéines (g)** | **Glucides (g)** |
| Fromage frais de chèvre (Québec) | 256 | 20 | 14 | 4,4 |
| Crottin de chèvre (France) | 351 | 29 | 22 | ___ |
| Cheddar de lait de vache (Québec) | 403 | 33 | 25 | 1,3 |

## LES PRODUITS CAPRINS EN CUISINE

Les recettes proposées au chapitre suivant
ont été élaborées pour mettre en valeur les

produits caprins, tout en mettant l'accent sur la santé; en effet, qu'il s'agisse de sauce, de soupe-repas, de dessert ou de boisson lactée, la valeur nutritive de chaque recette respecte les principes d'une alimentation santé. La majorité des suggestions fournissent passablement de **calcium,** peu de **gras** et des **bons gras,** et suffisamment de **protéines** lorsque le mets servira de plat principal. Les minéraux tels que le **fer** et le **magnésium** sont calculés ainsi que les **fibres** et la **vitamine C.**

Toutes les recettes qui demandent du lait de vache seront aussi savoureuses et réussies avec du lait de chèvre. Le nouveau yogourt de chèvre sans lactose permettra aux personnes intolérantes au lactose d'élargir leur répertoire de recettes à base de produits laitiers.

## *Au petit-déjeuner*

Le cocktail-réveil aux fraises et à la banane est une pure merveille sur le plan du goût et sur le plan nutritif. Il comble facilement les besoins en protéines d'un adulte ou d'un adolescent pour un repas et offre, entre autres, de très bonnes sources de calcium, de fer, de vitamine C et de fibres. C'est une excellente collation pour les sportifs et les personnes actives. On pourra essayer de le préparer avec d'autres variétés de fruits telles que les pêches, les mangues ou les oranges.

Toujours au petit-déjeuner, le yogourt de chèvre, nature, aux fraises ou aux pêches, remplace le lait ou s'y ajoute dans le muesli maison ou les céréales entières croquantes qu'il transforme presque en gâterie.

Bien sûr, ceux qui aiment sortir des sentiers battus aimeront tartiner du fromage de chèvre sur un pain grillé avec des tomates fraîches, des feuilles de laitue et quelques noix. C'est à découvrir !

## À *la collation*

Connaissez-vous les «yop maison»? C'est du yogourt de chèvre nature, de préférence sans lactose, car il est ainsi plus onctueux, fouetté avec un jus surgelé et concentré d'orange ou d'un autre fruit. On le boit ou on en fait un glaçon (*popsicle*) en le plaçant dans un moule à glace, piqué d'un bâton ; une sucette glacée nourrissante pour les journées chaudes de l'été. Les *popsicles* offerts dans le commerce n'offrent que de l'eau glacée sucrée, tandis qu'un «yop maison» glacé ou frais fournit autant de calcium qu'un verre de lait, tout en comblant vos besoins en protéines et même plus pour une collation nourrissante.

Si vous possédez un mélangeur ou un robot culinaire, le mélange de fruits, de yogourt de chèvre nature ou aux fruits, ordinaire ou sans lactose, avec du tofu soyeux saura séduire les plus aventureux. Du côté des tartinades santé, découvrez des collations ou des entrées aux saveurs plus exotiques avec une tartinade aux pois chiches et fromage de chèvre ou une tartinade au fromage de chèvre et tomates séchées, sur un pain pita de blé, un pain azyme ou un craquelin de seigle. Vous vous délecterez. Pour une quantité de 30 ml (2 c. à soupe), ces deux tartinades offrent une bonne dose de protéines.

## Au repas

Au repas, le lait de chèvre trouve sa place dans les potages comme celui que nous proposons, aux patates douces, aromatisé aux épices du Proche-Orient. Le gratin de pommes de terre au lait de chèvre change du gratin dauphinois habituel.

## Au dessert

Pour un dessert au lait différent des autres : une crème brûlée aux fruits préparée avec du lait de chèvre est simple à réaliser. Sa belle apparence et sa délicieuse saveur vous surprendront agréablement. Bien entendu, les sauces et les vinaigrettes à base de yogourt ordinaire auront le même succès si vous les préparez avec du yogourt de chèvre plutôt qu'avec du yogourt de vache.

### Le lait de chèvre est...

- une solution de rechange au lait de vache dans le menu quotidien ;
- facile à trouver au rayon des produits laitiers dans toutes les épiceries en format de 1 litre, à 2 % ou à 3,25 % de MG, enrichi de vitamines A et D et d'acide folique ;

- aussi offert en bouteilles de plastique, frais pasteurisé mais non enrichi, dans les fromageries et les fermes artisanales ;
- doté d'un pouvoir moussant plus grand que celui du lait de vache ; il se fouette très facilement et tient bien, au grand bonheur des amateurs de cappuccino ou de lait fouetté ;
- très facile à incorporer à toutes les recettes où il remplacera le lait de vache.

## *Le yogourt de chèvre est...*

- nouvellement offert sans lactose, nature ou aux fruits ; il est très onctueux et sa saveur est naturellement sucrée en l'absence de lactose ; le yogourt de chèvre traditionnel est aussi offert ;
- riche en protéines, en calcium et en vitamines du groupe B et faible en gras ;
- aussi facile à digérer, sinon plus, que le lait dont il provient.

## *Le fromage de chèvre est...*

- reconnu pour sa saveur particulière et sa grande digestibilité ;
- aussi largement utilisable que les autres produits caprins et il s'intègre très bien à de nombreuses recettes culinaires ;
- frais ou affiné, à pâte molle ou dure, et il est généralement moins gras que le fromage cheddar de vache.

*Chapitre 5*

*Recettes*

*Potages, entrées et cocktail-réveil*

# Bisque de saumon

*Pour 2 portions*

## Ingrédients

| | |
|---|---|
| 50 ml (¼ tasse) | oignon haché |
| 5 ml (1 c. à thé) | huile d'olive extra-vierge |
| 20 ml (1 c. à soupe + 1 c. à thé) | farine de blé entier |
| 250 ml (1 tasse) | bouillon de poulet ou de légumes |
| 75 ml (⅓ tasse) | pâte de tomate |
| 120 g (4 oz) | saumon frais, coupé en morceaux de 2 cm (¾ po) |
| 15 ml (1 c. à soupe) | persil italien, haché |
| 2 ml (½ c. à thé) | estragon |
| 250 ml (1 tasse) | lait de chèvre |

## Préparation

1. Ramollir l'oignon dans l'huile quelques minutes. Ajouter la farine et laisser cuire 1 minute en remuant.

2. Ajouter le reste des ingrédients, sauf le lait. Laisser mijoter 10 minutes. Ajouter le lait et réchauffer.

| Valeur nutritive d'une portion | | | |
|---|---|---|---|
| Calories | 192 | Calcium | 159 mg |
| Protéines | 17,7 g | Magnésium | 49 mg |
| Gras total | 7,9 g | Vitamine C | 6,7 mg |
| Fer | 1,13 mg | Fibres | 1,3 g |

# Potage de patates douces

*Pour 8 portions*

## Ingrédients

| | |
|---|---|
| 1,5 l (6 tasses) | bouillon de poulet |
| 2 ml (½ c. à thé) | curcuma, cumin et coriandre moulue (2 ml de chacun) |
| 1 ml (¼ c. à thé) | graines de fenouil |
| 3 | patates douces en cubes |
| 1 | oignon haché |
| 500 ml (2 tasses) | lait de chèvre |
| Au goût | sel et poivre |

## Préparation

1. Dans une grande casserole, porter le bouillon de poulet à ébullition. Ajouter le curcuma, le cumin, la coriandre et les graines de fenouil. Déposer les patates douces et l'oignon dans le bouillon. Cuire à feu moyen environ 10 minutes ou jusqu'à ce que les patates soient cuites.
2. Mettre le bouillon, les patates et l'oignon dans le récipient du mélangeur, puis réduire en purée. Remettre la purée dans la casserole.
3. Ajouter le lait de chèvre. Bien mélanger.
4. Porter à ébullition en mélangeant.
5. Assaisonner et servir.

| Valeur nutritive d'une portion | | | |
|---|---|---|---|
| Calories | 150 | Calcium | 109 mg |
| Protéines | 5 g | Magnésium | 38 mg |
| Gras total | 2,4 g | Vitamine C | 7 mg |
| Fer | 1,5 mg | Fibres | 2,7 g |

# Purée mousse de céleri-rave

*Pour 4 portions*

## Ingrédients

| | |
|---|---|
| 1 | gros céleri-rave |
| 1 | blanc d'œuf cru |
| 30 ml (2 c. à soupe) | fromage de chèvre frais |
| 1 pincée | muscade |
| Au goût | sel et poivre |

## Préparation

1. Peler le céleri-rave et le couper grossièrement en morceaux. Cuire à la vapeur dans une marguerite de 8 à 10 minutes, jusqu'à ce que le céleri-rave soit bien tendre, ou au four à micro-ondes. Réduire en purée au robot ou au mélangeur.
2. Incorporer le blanc d'œuf et le fromage de chèvre. Bien mélanger. Assaisonner avec la muscade, le sel et le poivre. Remettre dans la casserole ou au four à micro-ondes ; réchauffer pendant quelques minutes avant de servir.

| Valeur nutritive d'une portion | | | |
|---|---|---|---|
| Calories | 36 | Calcium | 19 mg |
| Protéines | 2,6 g | Magnésium | 3 mg |
| Gras total | 1,3 g | Vitamine C | 3 mg |
| Fer | 0,3 g | Fibres | 0,7 mg |

# Chou et chèvre en salade

*Pour 1 portion*

## Ingrédients

| | |
|---|---|
| 15 ml (1 c. à soupe) | noix de Grenoble en morceaux, grillées |
| 50 ml (¼ tasse) | feuilles de cresson |
| 125 ml (½ tasse) | chou rouge, tranché finement |
| 8 | raisins verts sans pépins, coupés en deux |
| 30 ml (2 c. à soupe) | fromage de chèvre affiné, émietté |
| 1 ou 2 | feuilles de laitue Boston, déchiquetées |

## Ingrédients de la vinaigrette noix et limette

| | |
|---|---|
| 5 ml (1 c. à thé) | huile de noix de Grenoble |
| 5 ml (1 c. à thé) | huile de tournesol, pressée à froid |
| 15 ml (1 c. à soupe) | jus de limette |
| 2 ml (½ c. à thé) | miel |

## Préparation

1. Mélanger tous les ingrédients de la salade et les mettre dans un contenant hermétique.
2. Mélanger les ingrédients de la vinaigrette, puis verser la vinaigrette sur la salade au moment de servir.

| Valeur nutritive d'une portion | | | |
|---|---|---|---|
| Calories | 244 | Calcium | 103 mg |
| Protéines | 6 g | Magnésium | 29 mg |
| Gras total | 18 g | Vitamine C | 38 mg |
| Fer | 0,8 g | Fibres | 2,3 g |

# Tartinade au fromage de chèvre et aux tomates séchées

*Pour 200 ml (³/₄ tasse)*

## Ingrédients

| | |
|---|---|
| 120 g (4 oz) | fromage de chèvre nature |
| 1 | gousse d'ail émincée |
| 6 | tomates séchées, hachées |
| 15 ml (1 c. à soupe) | huile d'olive extra-vierge |
| 5 ml (1 c. à thé) | jus de citron |
| Au goût | sel et poivre |

## Mode de préparation

1. Mélanger tous les ingrédients.
2. Assaisonner.
3. Servir immédiatement.

| Valeur nutritive d'une portion de 30 ml (2 c. à soupe) | | | |
|---|---|---|---|
| Calories | 88 | Calcium | 35 mg |
| Protéines | 4,5 g | Magnésium | 13 mg |
| Gras total | 6,7 g | Vitamine C | 2 mg |
| Fer | 0,9 mg | Fibres | 0,6 g |

# Tartinade aux pois chiches et au fromage de chèvre

*Pour 500 ml (2 tasses)*

## Ingrédients

| | |
|---|---|
| 1 boîte de 540 ml (19 oz) | pois chiches en conserve, égouttés |
| 120 g (4 oz) | fromage de chèvre nature |
| 1 | gousse d'ail écrasée |
| 10 ml (2 c. à thé) | jus de citron |
| 15 ml (1 c. à soupe) | huile d'olive extra-vierge |
| 50 ml (¼ tasse) | yogourt de chèvre nature, ordinaire ou délactosé |
| 15 ml (1 c. à soupe) | thym frais, haché |
| 15 ml (1 c. à soupe) | persil frais, haché |
| Au goût | sel et poivre |

## Préparation

1. Placer les pois chiches, le fromage, l'ail, le jus de citron, l'huile et le yogourt dans le récipient du mélangeur, puis réduire en purée.
2. Ajouter les herbes et assaisonner.
3. Servir immédiatement en trempette ou en tartinade.

| Valeur nutritive d'une portion de 50 ml (¼ tasse) | | | |
|---|---|---|---|
| Calories | 143 | Calcium | 159 mg |
| Protéines | 6,6 g | Magnésium | 23 mg |
| Gras total | 5,8 g | Vitamine C | 4 mg |
| Fer | 1,3 mg | Fibres | 3 g |

# Cocktail-réveil aux fraises et à la banane

*Pour 2 portions*

### Ingrédients

| | |
|---|---|
| 200 ml ($^3/_4$ tasse) | lait de chèvre |
| 50 ml ($^1/_4$ tasse) | yogourt de chèvre nature, ordinaire ou délactosé |
| 125 ml ($^1/_2$ tasse) | tofu soyeux, mou |
| 8 | fraises |
| $^1/_2$ | banane |
| 15 ml (1 c. à soupe) | graines de lin moulues |
| 2 ml ($^1/_2$ c. à thé) | vanille |

### Préparation

1. Placer tous les ingrédients dans le récipient d'un mélangeur. Mélanger jusqu'à ce que la texture devienne lisse.
2. Servir immédiatement.

| Valeur nutritive d'une portion | | | |
|---|---|---|---|
| Calories | 335 | Calcium | 371 mg |
| Protéines | 20,9 g | Magnésium | 128 mg |
| Gras total | 13,9 g | Vitamine C | 49 mg |
| Fer | 2,9 mg | Fibres | 5,2 g |

*Plats principaux*

# Filets de poisson, sauce moutarde et estragon

*Pour 6 portions de 75 ml ($^1/_3$ tasse) de sauce*

## Ingrédients

| | |
|---|---|
| 5 ml (1 c. à thé) | huile d'olive extra-vierge |
| 2 | échalotes hachées finement |
| 7 ml (1 $^1/_2$ c. à thé) | fécule de maïs |
| 7 ml (1 $^1/_2$ c. à thé) | estragon séché |
| 375 ml (1 $^1/_2$ tasse) | lait de chèvre |
| Au goût | sel et poivre frais moulu |
| 50 ml ($^1/_4$ tasse) | yogourt de chèvre nature, ordinaire ou délactosé |
| 30 ml (2 c. à soupe) | moutarde de Dijon |
| 6 | filets de poisson cuits, au goût |

## Préparation

1. Dans une casserole, chauffer l'huile à feu moyen. Ajouter les échalotes et cuire 1 minute. Mélanger la fécule, l'estragon et le lait. Verser dans la casserole. Saler et poivrer. Chauffer jusqu'à ce que le lait frémisse. Remuer constamment jusqu'à ce que le mélange épaississe.
2. Ajouter le yogourt et la moutarde.
3. Garnir les filets de poisson de la sauce moutarde et estragon.

| Valeur nutritive d'une portion de sauce | | | |
|---|---|---|---|
| Calories | 42 | Calcium | 65 mg |
| Protéines | 2,2 g | Magnésium | 9 mg |
| Gras total | 2,1 g | Vitamine C | 1 mg |
| Fer | 0,2 mg | Fibres | 0 g |

# Petites pizzas au chèvre

*Pour 4 portions*

## Ingrédients

| | |
|---|---|
| 4 | pains pita de blé entier d'environ 18 cm (7 po de diamètre) |
| 20 ml (4 c. à thé) | huile d'olive extra-vierge |
| 2 | tomates fraîches, tranchées finement |
| 180 g (6 oz) | fromage de chèvre affiné, émietté |
| 10 ml (2 c. à thé) | origan séché |
| 5 ml (1 c. à thé) | basilic séché |
| Au goût | sel et poivre |
| 12 | petites olives noires à la grecque (facultatif) |

## Préparation

1. Préchauffer le gril. Placer les pains pita sur une tôle à biscuits. À l'aide d'un pinceau, badigeonner d'huile une surface de chacun des pains pita.
2. Disposer les tranches de tomate sur la surface huilée des pains. Garnir de fromage, puis assaisonner d'origan, de basilic, de sel et de poivre. Si désiré, garnir chaque pizza de 3 olives.
3. Passer sous le gril de 3 à 4 minutes.

| Valeur nutritive d'une portion | | | |
|---|---|---|---|
| Calories | 240 | Calcium | 141 mg |
| Protéines | 10,6 g | Magnésium | 45 mg |
| Gras total | 15,8 g | Vitamine C | 11 mg |
| Fer | 2,1 g | Fibres | 1,7 g |

# Gratin de pommes de terre au fromage de chèvre

*Pour 8 portions*

## Ingrédients

| | |
|---|---|
| 30 ml (2 c. à soupe) | farine de blé entier |
| 375 ml (1 ½ tasse) | lait de chèvre |
| 250 ml (1 tasse) | bouillon de poulet ou de légumes |
| 1 ml (¼ c. à thé) | sel et poivre |
| 1 ml (¼ c. à thé) | muscade |
| 125 ml (½ tasse) | fromage de chèvre aux fines herbes ou nature |
| 6 | pommes de terre pelées et tranchées finement |

## Préparation

1. Préchauffer le four à 200 °C (400 °F).
2. Mettre la farine dans une casserole. Ajouter le lait, le bouillon, le poivre, le sel et la muscade. Amener à ébullition à feu moyen en remuant constamment.
3. Retirer du feu et ajouter le fromage. Faire fondre.
4. Placer les tranches de pomme de terre dans un plat allant au four.
5. Verser le mélange de lait sur les pommes de terre.
6. Cuire au four 40 minutes ou jusqu'à ce que les pommes de terre soient tendres.

| Valeur nutritive d'une portion | | | |
|---|---|---|---|
| Calories | 135 | Calcium | 79 mg |
| Protéines | 6,4 g | Magnésium | 28 mg |
| Gras total | 4,3 g | Vitamine C | 15 mg |
| Fer | 0,9 mg | Fibres | 1,5 g |

*Desserts*

# Crème brûlée aux bleuets

*Pour 4 portions*

## Ingrédients

| | |
|---|---|
| 375 ml (1 ½ tasse) | bleuets frais ou décongelés, égouttés |
| 45 ml (3 c. à soupe) | sucre |
| 50 ml (¼ tasse) | fécule de maïs |
| 500 ml (2 tasses) | lait de chèvre |
| 2 | œufs, légèrement battus |
| 30 ml (2 c. à soupe) | yogourt de chèvre nature, ordinaire ou délactosé |
| 5 ml (1 c. à thé) | vanille |
| 20 ml (4 c. à thé) | cassonade |

## Préparation

1. Déposer les bleuets dans 4 ramequins.
2. Mélanger le sucre et la fécule dans une petite casserole. Ajouter graduellement le lait en battant à l'aide d'un fouet.
3. Amener le mélange de lait à ébullition, à feu moyen. Cuire 1 minute de plus en remuant constamment.
4. Mélanger 250 ml (1 tasse) de la préparation de lait avec les œufs. Ajouter ce mélange au lait. Cuire 2 minutes ou jusqu'à épaississement. Ajouter le yogourt et la vanille. Placer la crème sur les bleuets.
5. Préchauffer le gril. Parsemer la crème aux bleuets de cassonade et faire griller au four environ 2 minutes ou jusqu'à ce que la cassonade soit fondue. Servir immédiatement.

| Valeur nutritive d'une portion de crème brûlée aux bleuets | | | |
|---|---|---|---|
| Calories | 219 | Calcium | 163 mg |
| Protéines | 7 g | Magnésium | 25 mg |
| Gras total | 5 g | Vitamine C | 3 mg |
| Fer | 0,6 mg | Fibres | 1,7 g |

# Flan éclair aux fraises

*Pour 4 portions*

## Flan éclair

### Ingrédients

| | |
|---|---|
| 500 ml (2 tasses) | lait de chèvre |
| 30 ml (2 c. à soupe) | fécule de maïs |
| 1 | œuf battu |
| 5 ml (1 c. à thé) | vanille |
| 50 ml (¼ tasse) | sauce aux fraises* |

### Préparation

1. Verser le lait dans un plat allant au four à micro-ondes. Ajouter la fécule de maïs et bien mélanger. Mettre au four à micro-ondes à puissance élevée pendant 3 minutes. Battre avec un petit fouet et remettre au four à micro-ondes encore 3 minutes. Incorporer à l'œuf battu environ 30 ml (2 c. à soupe) de cette préparation. Mélanger et incorporer ce mélange au lait chauffé.

2. Fouetter légèrement et remettre le tout au four à micro-ondes environ 2 minutes, jusqu'à ce que la préparation soit bien épaissie. Ajouter la vanille et bien mélanger le tout. Laisser refroidir.

3. Verser sur le flan la Sauce aux fraises ou un soupçon de sirop d'érable.

* Voir recette de la Sauce au fraises à la page suivante.

# Sauce aux fraises

## Ingrédients

| | |
|---|---|
| 250 ml (1 tasse) | fraises fraîches ou décongelées, non sucrées |
| 30 ml (2 c. à soupe) | miel |

## Préparation

Passer les ingrédients au mélangeur jusqu'à l'obtention d'une purée. Servir.

| Valeur nutritive d'une portion avec sauce aux fraises | | | |
|---|---|---|---|
| Calories | 150 | Calcium | 145 mg |
| Protéines | 6,1 g | Magnésium | 24 mg |
| Gras total | 4,4 g | Vitamine C | 18 mg |
| Fer | 0,7 mg | Fibres | 1 g |

# Crème à la banane et au chocolat

*Pour 4 portions*

## Ingrédients

| | |
|---|---|
| 1 | banane |
| 500 ml (2 tasses) | lait de chèvre |
| 15 ml (1 c. à soupe) | sucre |
| 30 ml (2 c. à soupe) | fécule de maïs |
| 1 ½ carré (1 ½ oz) | chocolat noir mi-sucré, râpé |
| 1 | œuf battu |
| 2 ml (½ c. à thé) | vanille |

## Préparation

1. Déposer la banane et le lait dans le récipient du mélangeur. Réduire en purée jusqu'à ce que le mélange soit lisse.
2. Mettre le sucre, la fécule et le chocolat dans une petite casserole. Ajouter graduellement le lait en battant à l'aide d'un fouet.
3. Amener le mélange à ébullition à feu moyen. Cuire 1 minute en remuant constamment.
4. Mélanger avec l'œuf 125 ml (½ tasse) de la préparation de lait. Ajouter ce mélange à la casserole et cuire 2 minutes de plus. Ajouter la vanille. Refroidir et servir.

| Valeur nutritive d'une portion | | | |
|---|---|---|---|
| Calories | 178 | Calcium | 140 mg |
| Protéines | 6 g | Magnésium | 28 mg |
| Gras total | 7 g | Vitamine C | 4 mg |
| Fer | 0,6 mg | Fibres | 1,3 g |

# Boisson onctueuse à la pêche et à la mangue

*Pour 2 portions*

## Ingrédients

| | |
|---|---|
| 1 | petite mangue coupée en dés |
| 1 | pêche coupée en dés |
| 125 ml (½ tasse) | tofu soyeux mou |
| 125 ml (½ tasse) | yogourt de chèvre nature, ordinaire ou délactosé |
| ½ | banane |
| 2 ml (½ c. à thé) | vanille |

## Préparation

Placer tous les ingrédients dans le récipient d'un mélangeur. Réduire en purée. Mélanger jusqu'à ce que la texture devienne lisse. Servir immédiatement.

| Valeur nutritive d'une portion | | | |
|---|---|---|---|
| Calories | 199 | Calcium | 121 mg |
| Protéines | 9,3 g | Magnésium | 47 mg |
| Gras total | 4 g | Vitamine C | 35 mg |
| Fer | 1 mg | Fibres | 3,5 g |

# Yogourt à la pêche et aux pistaches

*Pour 2 portions de 200 ml (³/₄ tasse)*

## Ingrédients

| | |
|---|---|
| 1 | pêche, en purée |
| 200 ml (³/₄ tasse) | yogourt de chèvre nature, délactosé |
| 15 ml (1 c. à soupe) | pistaches non salées, moulues et rôties |
| Au goût | cannelle moulue |

## Préparation

1. Mélanger la purée de pêche avec le yogourt. Parsemer de pistaches et saupoudrer de cannelle au goût.
2. Servir immédiatement.

| Valeur nutritive d'une portion | | | |
|---|---|---|---|
| Calories | 111 | Calcium | 145 mg |
| Protéines | 6,7 g | Magnésium | 20 mg |
| Gras total | 5,5 g | Vitamine C | 4 mg |
| Fer | 0,3 mg | Fibres | 1,4 g |

# Yop à l'orange

*Pour 1 portion*

## Ingrédients

200 ml (³/₄ tasse)      yogourt de chèvre nature, ordinaire ou délactosé

45 ml (3 c. à soupe)      jus d'orange ou de raisin surgelé, non dilué

## Préparation

Dans un mélangeur, fouetter le yogourt et le jus, puis servir.

| Valeur nutritive d'une portion | | | |
|---|---|---|---|
| Calories | 217 | Calcium | 297 mg |
| Protéines | 13 g | Magnésium | 42 mg |
| Gras total | 6,7 g | Vitamine C | 76 mg |
| Fer | 0,4 mg | Fibres | 0 g |

# Bibliographie

BOURRE, J.-M., *Le lait de chèvre, atout pour la santé. Mythes et réalités*, Monographie, INSERM, 1993.

BRAULT-DUBUC, M. et L. CARON-LAHAIE, *La valeur nutritive des aliments*, Société Brault-Lahaie, 7ᵉ édition, 1993.

CHANDRA R. et B. ROEBOTHAN, *Principaux troubles nutritionnels des aînés autonomes*, Essentiel (Mead Johnson), 1-3, 1993.

CHILLIARD, Y., *Caractéristiques biochimiques des lipides du lait de chèvre* (communication). Le lait de chèvre, un atout pour la santé ? Journée scientifique et technique du lait de chèvre, Niort, France, 7 novembre 1996.

DEBSKI, B. et coll., « Selenium Content and Distribution of Human, Cow and Goat Milk », *Journal of Nutrition*, n° 117, 1091-1097, 1987.

DESJEUX, J. F., « Valeur nutritionnelle du lait de chèvre », *Lait*, n° 73, 573-580, 1993.

EK, J., « Plasma and Red Cell Folacin in Cow's Milk-Fed Infants and Children During the First 2 Years of Life : the Significance of Boiling Pasteurized Cow's Milk », *American Journal of Clinical Nutrition*, n° 33, 1220-1224, 1980.

FAVIER. J. C., « Composition des fromages de chèvre », *Cahier de nutrition et de diététique*, Fascicule 2, vol. 22, avril 1987.

FONTAINE, J. L., *Les intolérances au lait. Origines, manifestations cliniques, mesures thérapeutiques* (communication). Le lait de chèvre, un atout pour la santé ? Journée scientifique et technique du lait de chèvre, Niort, France, 7 novembre 1996.

GRZESIAK, T., *Lait de chèvre, lait d'avenir pour les nourrissons* (communication). Le lait de chèvre, un atout pour la santé ? Journée scientifique et technique du lait de chèvre, Niort, France, 7 novembre 1996.

HACHELAS, W. et coll., « Digestibilité des graisses du lait de chèvre chez des enfants présentant une malnutrition d'origine digestive. Comparaison avec le lait de vache », *Lait,* n° 73, 593-599, 1993.

INSTITUT NATIONAL DE NUTRITION, *Rapport,* vol. 13 (2), 1998.

JENSEN, B., *Goat Milk Magic — Dr. Jensen's Health Handbook n° 6,* Bernard Jensen Editor, Californie, 1994.

JONEJA, J. V., *Managing Food Allergy and Intolerance, A Practical Guide,* West Vancouver, McQuaid Consulting Group Inc., 1995.

MARTIN, P., *La composition protéique du lait de chèvre: ses particularités,* Ed. INRA, Paris (série Les colloques), n° 87, 7 novembre 1996.

MRC VITAMIN STUDY RESEARCH GROUP, *« Prevention of Neural Tube Defects: Results of the Medical Research council Vitamin Study »,* Lancet, n° 338, 131-137, 1991.

NUTRITION RESEARCH NEWSLETTER, Volume 14 (9), 1997.

O'CONNOR, D. L., « Folate in Goat Milk Products With Reference to Other Vitamins and Minerals », *A Review Small Ruminant Research,* n° 14, 143-149, 1994.

OPDQ, « Allergies et intolérances alimentaires » dans *Manuel de nutrition clinique,* chapitre 13.1, 1998.

OULD BABA ALI, A., *Communications personnelles,* Consultant en sciences et technologies des aliments, Montréal, 1999.

OUELLET, S., *La problématique de malnutrition chez les personnes âgées*, Ordre professionnel des diététistes du Québec, 1999.

PARK, Y. W., « Hypo-allergenic and Therapeutic Significance of Goat Milk », *Small Ruminant Research*, chapitre 14, p. 151-159, 1994.

PARRY, A. H., « Goat's Milk for Infant and Children », *British Medical Journal*, n° 288, 863-864, 1984.

RAZAFINDRAKOTO, O. et coll., « Le lait de chèvre peut-il remplacer le lait de vache chez l'enfant malnutri ? » *Lait*, n° 73, 601-611, 1993.

REINERT, P. et A. FABRE, *Utilisation du lait de chèvre chez l'enfant: expérience de Créteil* (communication). Le lait de chèvre, un atout pour la santé ? Journée scientifique et technique du lait de chèvre, Niort, France, 7 novembre 1996.

SABBAH, A. et S. Hassoun, *L'allergie au lait de vache et sa substitution par le lait de chèvre* (communication). Le lait de chèvre, un atout pour la santé ? Journée scientifique et technique du lait de chèvre, Niort, France, 7 novembre 1996.

SABBAH, A. et coll., « Cross Reactivity Between Cow's Milk and Goat's Milk », *Allergie et immunologie*, n° 29, 203-214, 1997.

SANTÉ CANADA, *Nutrition pour une grossesse en santé. Lignes directrices nationales à l'intention des femmes en âge de procréer*, Ministère des Approvisionnements et des Services, Ottawa, 1999.

SANTÉ CANADA, LES DIÉTÉTISTES DU CANADA ET LA SOCIÉTÉ CANADIENNE DE PÉDIATRIE, *Nutrition du nourrisson à terme et en santé*, Ministère des Approvisionnements et des Services, Ottawa, 1998.

SANTÉ QUÉBEC, *Rapport de l'enquête québécoise sur la nutrition*, 1990.

SAVILAHTI, E. et M. VERKASALO, « Intestinal Cow's Milk Allergy: Pathogenesis and Clinical Presentation », *Clinical Review of Allergy*, n° 2 (1), 7-23, 1984.

SOCIÉTÉ CANADIENNE DE PÉDIATRIE, *La nutrition du nourrisson né à terme et en santé*, Ministère des Travaux publics et des Services gouvernementaux du Canada, Ottawa, 1998.

SPUERGIN, P. et coll., « Allergenicity of Alpha-Caseins from Cow, Sheep and Goat », *Allergy*, n° 52, 293-298, 1997.

TAITZ, L. S., « Goat's Milk for Infant and Children », *British Medical Journal*, n° 288, 428-429, 1984.

TAYLOR, L. et coll., « Food Allergies and Avoidance Diets », *Nutrition Today*, n° 34 (1), 15-22, 1999.

# Table des matières

LES ÉDITIONS DE
L'HOMME

# Ouvrages parus aux Éditions de l'Homme

## Cuisine et nutrition

## Santé, beauté

Cet ouvrage a été achevé d'imprimer
en septembre 1999.